U0938460

不偏食的好開始

專家教你孩子愛吃又健康

黃思敏・李綺瑩 著

萬里機構

推薦序一

作為一名營養師，我深知孩子的健康成長對於每個家庭的重要性。然而，當孩子出現偏食行為時，這不僅影響他們的營養攝取，也可能導致一系列健康問題和心理壓力。本書的作者團隊是醫護人員（營養師、言語治療師、兒科醫生、小兒外科醫生、職業治療師等），部分本身擔當着媽媽的角色。他們心知一個跨專業團隊（Multi-disciplinary team）對兒童偏食的重要性，藉此利用自己的親身經歷和專業知識，為讀者提供一本關於兒童偏食的寶貴指南。

首先，我們需要明白，兒童偏食並非一種疾病，而是一種行為表現。偏食可能源於多種原因，包括味覺偏好、心理因素、環境影響、不同的身體狀況等。因此，解決這個問題並不能僅僅依靠強迫或懲罰，又或者着小朋友「食多啲」便行得通，而是需要從根本上了解孩子的需求和感受。

本書內容涵蓋兒童偏食的成因、影響及具體的應對方法。作者們從臨床經驗出發，深入剖析偏食的多重成因，幫助家長從根本了解孩子的困難與需要。同時，書中詳細説明偏食對孩子營養、成長與健康的影響，讓家長明白偏食不只是「挑食」這麼簡單。為了讓家長有實際可行的方法，作者們分享了多個臨床上常用的介入策略，如何循序漸進地引導孩子接受新食物、建立進食信心與習慣，並收錄了真實個案故事，讓讀者更直觀地理解不同孩子的挑戰與轉變。此外，書中特別整理 30 款色香味俱全、營養豐富的兒童偏食食譜，幫助照顧者從飲食設計入手，提升孩子對食物的接受程度。

認識作者之一黃思敏營養師多年，我深知她對孩子的關愛，以及對兒童營養學的熱情和專業知識，同時與其他醫療專職人員的多年合作，針對小孩偏食的經驗。我相信，每位閱讀本書的家長都能更深入了解兒童偏食的問題，從而採取有效的措施，陪伴孩子走出偏食的困境，幫助孩子建立健康的飲食習慣，讓他們能夠健康快樂地成長。

林思為
顧問營養師
澳洲註冊營養師
香港認可營養師學院認可營養師
香港認可營養師學院專業委員會
　現任副主席及前主席
香港營養師協會顧問及前主席

推薦序二

媽媽的真誠分享：讓孩子在進食中重拾力量

哥哥 Franky 自一歲半起，開始出現異常挑食的情況。坊間很多人安慰我：「餓下佢就會食，遲啲大個自然好番。」但事實並非如此。無論我怎樣轉換食物種類、調整烹調方式，Franky 每次吃正餐時都會出現作嘔反應。他的弟弟比他小一歲半，但身高體重已逐漸追上，兩人僅相差兩磅——那一刻我知道，我不能再等了，必須正視問題。

經過言語治療師 Astor 評估後，發現 Franky 屬於「口腔高敏」，並進行了針對性的口肌訓練。在 Astor 的專業指導下，Franky 的咀嚼技巧有明顯改善，牙齒咬合力加強，對食物的接受度亦逐步提升。我仍清楚記得那天，Franky 主動拿起吉列豬扒，一邊吃一邊説：「好味呀！」我聽見那一刻，真的既驚訝又感動——原來，他真的可以自主進食，也可以喜歡食物。

除了言語治療，營養師 Candy 也提供極大的支持。她細心地建議選擇適合小朋友、容易在超市購買的高蛋白質食品及補充品，並協助規劃餐單與分量。多元化的食物組合和營養食譜，不但令 Franky 容易接受，亦幫助我這個媽媽在煮食過程上減輕壓力，孩子在短時間內明顯增磅增高，身體更明顯強壯了。

治療前，Franky 營養不良、體力差，只要走到家樓下平台就説「攰」，上街必須坐 BB 車；但接受跨專業餵食治療約五個月後，他竟然能在學校兩小時的運動會完成所有項目——推波、拋豆袋、爬障礙物，每一項都堅持到底，讓我深感欣慰。

職業治療師 Karen 發現 Franky 在感覺統合方面偏向高敏，因此同時進行感統訓練，加強口腔及肢體協調。在治療堂，Franky 邊玩邊練習、邊試食學習聆聽指令，回家後我們亦持續練習，漸見成效。以往進食需時 1.5 至 2 小時，食物怎樣咬也不吞下，要用大量水沖下肚；現在他能在 45 分鐘內完成晚餐，更能用匙羹自主進食，作嘔反應亦大大減少。

這些進步來自「跨專業餵食治療」的協同力量，不單止幫助孩子改善進食問題，更讓家長了解孩子真正的需要與困難，從源頭出發，對症下藥。我一直擔心他升小學後如何在限時內完成午餐，如今終於可以鬆一口氣。

以往的 Franky「好似長唔大」，衣服一整年穿同一尺碼；現在的他，開始換大碼衣服，小肚子都長肉了。這些轉變，是實實在在、看得見的。

如果你和我一樣，曾經苦惱於孩子揀飲擇食、不願進食、不肯吞嚥，這本書會是你的得力幫手。書中除了有豐富的餵食理論與實用建議，更附上 30 道食譜分享，讓你在煮食與育兒路上減輕負擔，重拾信心。

讓我們一起努力，給孩子真正的營養與力量，一步步邁向健康成長。

Franky 媽媽

媽媽的真心分享：走過餵食難關的感激之路

作為兩個女兒的媽媽，我一直以為有了大女的加固經驗，照顧細女瑜瑜應該更得心應手。大女是個小吃貨，加固過程十分順利；當細女出生後，我卻完全出乎意料地遇上了困難。

瑜瑜對食物完全沒有興趣，不是拒絕進食，就是一放入口便吐出來。她的生長線從出生時 50%，下跌至接近 2%，我既擔心又無助，心裏不斷懷疑：是否食道出了問題？難道是她不懂吞嚥？又或是否食物敏感？即使多次前往健康院求助，也找不到明確的解決方法。

直到我在網上看見營養師 Candy 與言語治療師 Astor 撰寫一篇關於餵食治療的文章，內容與我家瑜瑜的情況不謀而合，我立刻預約評估。

在兩位專業人士的幫助下，我開始嘗試由傳統餵食方式轉為 BLW（嬰兒主導式進食）。言語治療師細心檢查女兒的口腔狀況，觀察她進食和吞嚥情形，並給我建議如何調整食物的形態和質地。營養師則提供多款既簡單又營養均衡的食譜，協助我安排合理的加固計劃、飲奶時間與作息表。

雖然在過程中，我也曾懷疑自己能否做到，甚至感到恐懼，但在兩位專業人士的陪伴下，我不再孤單。瑜瑜逐漸開始對食物產生興趣，能夠嘗試更多類型的食物，增加進食量，體重也慢慢回升。如今，她甚至可以自主使用餐具進食，這對我來說，是無比大的鼓舞。

我衷心感謝 Candy 和 Astor，不僅給予我專業上的協助，還在情緒上給予很大的支持。原來每個孩子的成長旅程都不一樣，當遇上餵食困難時，尋求專業餵食治療的幫助真的很重要。

得知這本跨專業合作的餵食治療書籍出版，我非常高興。對我這樣的媽媽來說，書中提供的資訊和指導不但實用，更解答了我許多加固和煮食的煩惱。我誠心祝願這本書能幫助更多家長在育兒路上更從容面對，也讓我們的孩子能健康、快樂地成長。

瑜瑜媽媽

作者序一

還記得九年前，大兒子出生的那年，我剛好踏上兒科營養師的訓練之路。時光飛逝，在這十七年的營養師生涯中，我在香港及英國的公立醫院工作，歷練過不同的專科，但我最鍾愛的始終是兒科營養。

作為兩個孩子的媽媽，也是一位營養師，我深深體會到家長面對育兒飲食挑戰時的焦慮與不安。大兒子曾經歷一段時間胃口欠佳，小兒子亦常被説「細粒」，這些經歷讓我對家長的感受特別產生共鳴。每當我能幫助孩子改善飲食、健康成長，也讓家長重拾育兒的信心和樂趣時，我都感到無比滿足，這正是我每天努力工作的最大動力。

在兒科營養門診中，我們最常聽到的問題就是：「孩子偏食，怎樣也不肯吃！」營養師能為孩子評估營養攝取，亦能從孩子飲食作息、家長煮食方法及餵養觀念入手，訂立飲食目標及計劃，而改善孩子的生長及健康。不過，嚴重偏食個案往往並非單純的「挑食」，背後可能涉及感覺統合、口腔敏感、吞嚥協調等多方面的發展挑戰，要多角度解決問題，往往需要言語治療師、職業治療師、醫生等跨專業團隊的協作。這一點，在我多年參與醫院兒科會診時體會尤深，亦正好與近年醫學界對「兒童餵食障礙」（Pediatric Feeding Disorder）的定義不謀而合——這是一種需要跨專業介入的臨床診斷。

有見及此，我與言語治療師李綺瑩（Astor）姑娘一起成立了跨專業餵食治療服務。這些年來，我們見證了無數孩子的改變——從抗拒進食到主動嘗試，從體重停滯到健康成長。這些成功故事不但感動我們，也促使我們希望把經驗整理成書，幫助更多有需要的家庭。

在此，我衷心感謝丈夫與兩位孩子的理解與支持。感謝一直同行的 Astor 姑娘、王珮瑤醫生、杜蘊瑜醫生、職業治療師 Karen 姑娘的信任與專業合作，讓這本書得以成真。感謝香港營養師界熱心服務多年的顧問營養師林思為女士對本書的鼓勵與支持。感謝我在香港中文大學時的導師兼食物科學家朱建勤先生，為本書內的食譜進行專業的營養分析。感謝在公立醫院合作無間的顧問醫生、兒科專科醫生對本書的推薦。感謝在英國的朋友協助食譜相片拍攝。

這本書除了分享我們的專業建議，也收錄了親身經歷、育兒點滴、孩子們喜歡的食譜、進食方法及照片。我們希望不論你的孩子是否偏食，都能在書中找到共鳴與啟發。願每一位家長都能多一點了解、少一點焦慮，在育兒路上走得更安心自在，陪伴孩子吃得健康、快樂成長。

黃思敏 Candy Wong
澳洲及英國註冊營養師
英國國民保健署兒科專科營養師

作者序二

作為一位言語治療師，亦是一位兩個孩子的母親，我深深明白每位父母對孩子「食得好、長得好」的渴望。

我曾遇過一位媽媽，她滿心希望能與兒子外出吃飯，享受親子時光，但偏食的兒子卻只願意進食家中準備的幾款固定食物，對其他食物總是抗拒。

她試過無數方法，卻始終無效。身邊的家人、朋友也只說：「大大下就會食得好！」這些善意的安慰卻令她倍感無助。這樣的想法在社會上仍然普遍，導致延誤了很多孩子獲得適切幫助的時機。

偏食不單止令父母憂心孩子的生長及體力，因為偏食而影響未能參與家庭聚餐、朋友聚會，或者外出時擔心所到之處會否有願意吃的食物，往往都是我從臨床工作中，看到父母在育兒上的煩惱。從言語治療而言，小朋友不吃總有他們的原因，正規的診治是要抽絲剝繭地正視影響小朋友進食的真正原因，包括身體問題、口肌肌能發展問題、口腔感知問題，甚或是家庭餵養方法出現問題。在臨床工作中處理小朋友的偏食問題，往往好像為小朋友發聲，告訴父母為甚麼小朋友吃不到、為甚麼自己不喜歡吃，以致協助父母循序漸進改善孩子的餵食情況及提供訓練。當看到小朋友一步一步地改善偏食情況，繼而接受嘗試不同的食物，那份滿足感就是推動我不斷學習及鑽研餵食治療的最大動力。

在世界衞生組織（WHO）的國際功能、殘疾和健康分類系統“International Classification of Functioning, Disability and Health”（ICF）中，我們常常強調生活質量的重要性。偏食會影響孩子的社交活動、學習能力，甚至與家人共度時光的質量。這本書旨在幫助家長理解偏食的原因，並提供實用的建議和策略，幫助孩子逐步建立健康又正面的飲食習慣，讓「吃飯」重拾應有的快樂。

在此，我衷心感謝兒科營養師黃思敏（Candy）姑娘，因為她的專業推動和無私投入，這本書得以誕生。她親自設計和烹調的食譜簡單又營養，是全職媽媽與照顧者的珍貴寶庫。我們多年來在餵食治療的臨床合作中，見證了無數孩子的進步，也更堅信跨專業合作對改善偏食的關鍵價值。在此，當然感謝我的丈夫及兒子們在背後默默的支持。

希望這本書，能讓更多家庭走出偏食的迷惘，讓每位孩子都能吃得好、吃得開心，茁壯成長。

李綺瑩 Astor Lee
香港衛生署認可言語治療師

目錄

推薦序一：林思為......002
推薦序二：Franky 媽媽......004
推薦序三：瑜瑜媽媽......005
作者序一：黃思敏 Candy Wong......006
作者序二：李綺瑩 Astor Lee......008

Chapter 1 並非偏食這麼簡單？

孩子偏食與生活息息相關

偏食及餵食問題普遍嗎？......016
偏食及餵食問題，對孩子健康有何影響？......018
偏食會隨着年紀長大而改善嗎？......020
近年最新發展：甚麼是兒童餵食障礙？......022

Chapter 2 專家拆解兒童偏食及餵養疑慮

(1) 生長篇

生長圖表（growth charts）是甚麼？......028
如何分析生長圖表及生長線？......029

家長的煩惱

1. 健康院姑娘説孩子「跌穿生長線」，是甚麼意思？......030
2. 孩子長得比別人細粒，正常嗎？......031
3. 生長線愈高愈好嗎？......031
4. 孩子只長高不長肉，正常嗎？......031
5. 孩子進食沒有問題，食量正常，但仍然偏瘦矮小，是身體出現問題嗎？......031
6. 甚麼情況下需要量度骨齡？......031
7. 除了身高體重低，還有甚麼身體徵狀，顯示孩子可能有營養不良？......032

實用錦囊：如何解鎖孩子的生長潛力？......034

(2) 從發展到加固篇

幼兒發展及餵食里程碑......038

家長的煩惱

1. 如果寶寶厭奶，可否早點進入加固階段？......047
2. BLW 是否可以預防偏食？......048
3. 一歲前以飲奶為主，不吃固體也沒所謂？......049
4. 孩子剛剛開始進食，甚麼質地適合加固階段？......050
5. 孩子還未長牙齒，不能吃肉嗎？......052
6. 粥仔容易吸收又易吃，孩子一直吃粥仔沒有問題嗎？......053

7. 寶寶吃多少分量加固食物，就能取代一餐奶？
寶寶寧願飲奶也不肯吃，可以飲奶取代正餐嗎？ 054
8. 加固食物應該下調味料嗎？ 055
實用錦囊：加固致勝之道！ 056

(3) 偏食與餵養篇

輕微、暫時性偏食 058
嚴重偏食及餵食問題 059
孩子為何有偏食及餵食問題？ 059
找出偏食的原因 061

家長的煩惱

偏食及餵食問題

1. 面對不同的偏食孩子，家長如何處理？ 063
2. 孩子經常含着食物咀嚼很久，不肯吞，很久才吃下一口，
可以怎樣改善？ 070
3. 怎樣提升孩子對新食物的興趣？ 071
4. 孩子食量不定，有問題嗎？需要控制定時定量嗎？ 072
5. 飲用偏食奶粉有作用？真的會增高嗎？ 072
6. 小朋友吃得慢，每餐飯應該吃多久才合理？ 073
7. 小朋友之前喜歡吃一種食物，現在不再喜歡吃，怎辦？ 074
8. 孩子吃多少蔬菜才足夠？瓜類可以當蔬菜嗎？
吃水果可以代替蔬菜嗎？ 074
9. 小朋友喜歡食物有味道，應該加入調味料嗎？ 075
10. 我想孩子健康成長，嘗試不同的超級食物，很多人説
藜麥好、燕麥好，但孩子試後不喜歡，可以怎做？ 076
11. 長輩覺得稀粥容易吃又有營養，孩子兩、三歲一直吃粥，
可以嗎？ 076
12. 孩子不肯咀嚼，我們需要剪碎食物，甚至用攪拌機攪爛，
孩子才肯吃，這樣正常嗎？ 077
13. 孩子喜歡用湯或汁拌飯吃，這樣是否毫無營養？ 078
14. 孩子曾經鯁魚骨後，就不肯吃魚了。孩子長期不吃魚，
可以嗎？ 078
15. 父母常做哪些無心行為，反而助長孩子偏食？ 079

與餵食問題有關的醫學情況

16. 在醫學上，嚴重食物敏感有甚麼症狀？
有哪些症狀必須立即求醫？ 080
17. 是否每種新食物都嘗試三次？
確保無食物敏感才可試另一種食物？ 081

18. 孩子一歲後，才可以試吃蛋白及花生嗎？ 082
19. 老一輩常說：「蝦蟹很毒，孩子愈遲吃愈好？」............................082
20. 如何引導食物敏感的孩子嘗試新食物？ 082
21. 我的孩子早產，曾經使用胃喉，發現孩子吃奶及
加固似乎特別困難，其他早產兒也是這樣嗎？ 083
22. 為何孩子常常不願進食，是否其消化系統的結構不同所致？ 085
23. 有試過進食時，孩子會喊口腔痛，應如何檢查孩子口腔情況？...085
24. 有哪些常見的口腔問題會導致小朋友不願進食？應如何處理？...086
25. 我懷疑孩子「黐脷筋」而不肯飲奶及進食，有可能嗎？
如何自行檢查孩子有否「黐脷筋」？ 088
26. 孩子容易嘔奶，即使加固後仍然經常嘔吐食物，所以常常不願
進食……嘔吐時如何紓緩？應如何協助孩子減少嘔吐情況？ 090
27. 孩子的排便習慣不定時，時有便秘，而且形狀不完整，
有時甚至瘀血，會否影響孩子的食慾？.......................................091
28. 孩子有時說肚痛不願進食，並持續一段時間，應如何判斷
是否需要立即就醫？有機會出現甚麼急症的情況？.....................093
29. 孩子只吃數款特定食物，是有「厭食症」嗎？ 095

餵食與家庭關係

30. 每天為孩子煮飯、餵孩子吃飯，都花上很長時間，
每餐都很有壓力。怎樣可以減低壓力？.......................................095
31. 孩子愛玩食物，很多人覺得孩子吃得很污糟，
身體和地上都黐滿食物，我們不應該這樣嗎？ 097
32. 孩子有不同的照顧者，例如家傭姐姐、祖父母等，
大家在餵養上容易出現爭拗，有甚麼改善方法？ 098
33. 孩子知道快要開飯，已經很抗拒，很想逃跑，
怎樣改善此情況？ 098
34. 看見其他孩子很喜歡進食，可以和家人出街吃飯、旅行，
我也可以和自己孩子這樣嗎？ 099
35. 如何建立孩子、家庭與食物的健康關係？ 099
實用錦囊：面對偏食孩子的十大對策...100

Chapter 3 給偏食兒的營養食譜

學懂烹調大法，令偏食兒愛上美食！ 106

輕食 Finger food

彩色蔬菜班戟 108
無添加西多士 112
藍莓蛋糕 114
吞拿魚可樂餅 117
手指多士 120

韓式紫菜飯波 123
法式蔬菜果凍 126
番薯薄餅 128
蔬菜薯條 131

主菜

萬用肉醬 134
西蘭花雞寶 137
芝心漢堡 140
乳酪咖喱雞伴薄餅 143
茶碗蒸 146
菜心淮山蝦餅 148
番薯魚麵 151
芝士通粉 154
香橙蜂蜜鴨肉 156
青紅蘿蔔雪梨牛腱湯 158

親子共食

粟米肉粒飯 160
電飯煲三文魚炊飯 163
青瓜肉絲麻醬伴烏冬 166
白汁雞皇飯 168
一鍋到底：番茄滑蛋牛肉刀削麵 170
一鍋意粉：忌廉汁鱈魚貝殼粉 172
一鍋到底：高湯滾豆腐魚片 175

甜品

高纖奶昔 178
牛奶燉蛋 180
朱古力慕思 182
鮮果乳酪雪條 185

Chapter 4 幼兒偏食個案分享

個案一：幼兒不吃肉 190
個案二：幼兒加固失敗、跌出生長線 193

附錄一：哽塞急救小錦囊 196
附錄二：進食時燙傷急救小錦囊 199
附錄三：嬰幼兒百款加固食物 200
附錄四：幼兒飲食好習慣獎勵表 202

Chapter 1

並非偏食這麼簡單？

「小朋友沒胃口，好像整天不想吃……」

「他不肯咬，含着食物很久也不吞下……」

「他完全不肯開口，我們唯有逼他吃，他有時會作嘔，也試過真的吐了出來……」

「我們每次餵他吃，都會吐出來，曾試過不同食物也一樣，每次吃飯也都喊着離開飯枱……」

「他不肯吃肉，只有魚蛋、火腿、午餐肉才願意吃……」

「他一點點菜都不肯試，就算將菜拌入飯餸，看到後都要挑出來不吃……」

不少家長為孩子偏食而煩惱，究竟何謂「偏食」？偏食及餵食問題對孩子的身心有哪方面的影響？

在門診，我們經常聽到家長訴説孩子偏食，甚至拒食。孩子進食意慾很低，就算肯張開口，但不願咀嚼、不願吞嚥、含着食物，有些孩子甚至會有作嘔、吐出食物等行為反抗進食。家長出盡法寶——威逼利誘、追着孩子餵、餵飯一兩小時、一啖餅乾一啖飯、讓孩子一邊看平板一邊吃飯等等，就是為了孩子肯多吃幾口。

家長最擔心偏食問題影響健康，攝取營養不足，影響生長及發展。除此以外，每餐餵孩子吃食物都很艱難，容易令家人之間產生磨擦，與孩子關係緊張，影響親子關係及心理健康。有家長甚至覺得帶孩子外出食飯、聚會、旅行也非常困難，影響社交。

偏食及餵食問題普遍嗎？

按照不同國家及孩子的年齡，世界各地家長對「你的孩子是否偏食？」都提供不一樣的答案。根據一份由英國學者發表的文獻，回顧偏食在不同國家有多普遍[1]，在亞洲地區包括中國、新加坡及日本，13-59% 家長表示孩子偏食。

早於 2006 年，香港衞生署及中文大學醫學院展開一項健康調查，對象是來自 78 間幼稚園共超過 7,000 名年齡由 2-7 歲的香港幼童。超過四成家長表示，孩子有偏食的習慣[2]。

香港理工大學與衞生署於 2012 年進行另一項調查[3]，搜集香港家長對嬰幼兒餵食的想法及做法，參與調查有約 1,500 名香港家長，孩子介乎 6 個月至 2 歲。調查結果顯示，大約兩成家長表示孩子揀飲擇食，亦有四成家長表示孩子間中揀飲擇食。這兩項調查結果顯示，本港偏食的情況算相當普遍。

由香港教育大學及香港大學於 2015 年發表的研究[4]指出，香港嬰幼兒的主要照顧者是家長、祖父母或家庭傭工，他們面對有偏食習慣的幼兒，有約四成不會主動處理，亦有採取其他方法，例如：以其他食物代替及引誘、讓孩子邊吃邊看電視、懲罰孩子或逼迫孩子進食。由此可見，有些香港家長對偏食的孩子着實有點手足無措，不知如何處理。

衞生署於 2016 年對香港幼兒餵食作出調查[5]，訪問約 1,600 名家長，約有兩至三成年齡介乎 2-4 歲的幼兒，吃飯時需要觀看電視或手機；約有兩成年齡介乎 2-4 歲的幼兒，吃飯時走來走去；約有 1/4 家長擔心孩子吃得太少。

2024 年，有本地學者透過運用「健康飲食報告卡」，評估香港學前兒童的健康飲食行為[6]，只有約兩成兒童可從五大類食物進食不同種類的食物；另只有約一半兒童進食足夠的蔬菜水果，以及不倚賴飲用配方奶。從以上結果所見，除了偏食外，香港家長也面對其他幼兒餵食的問題。

甚麼是偏食？

在兒童的發展上，嬰幼兒多次嘗試才肯接受新食物是成長必經的階段。研究顯示，兒童接受一種新食物，往往需要嘗試 8-10 次才能接受[7]，所以家長應保持耐性，不斷鼓勵孩子嘗試。既然事實如此，那麼我們如何界定偏食呢？

事實上，「偏食 picky eating/ fussy eating」一詞未有明確的定義[1、8]，文獻上記載了不同的定義，包括：

- 願意進食的食物類別十分狹窄，拒絕大部分食物，或拒絕某些特定質地的食物。
- 有強烈食物偏好，拒絕進食其他家庭成員的食物，家長需另外準備食物給孩子。

- 不願意進食熟悉的食物、不願意嘗試新食物，嚴重影響家長、孩子及親子關係。
- 拒絕大部分食物，令進食分量及種類不足以維持健康。
- 絕少進食蔬菜（或其他主要食物種類如肉類），家長需利用特別方法準備食物。

如家長不斷嘗試，孩子仍然長期存有以上的情況，就與文獻所記載的偏食情況吻合了。

偏食及餵食問題，對孩子健康有何影響？

孩子需要攝取足夠的營養維持生長及發展。臨床上，我們留意到偏食孩子都有以下特徵，他們的營養攝取不足，對生理及心理存在負面影響：

- 生長緩慢，身形比同齡兒童細小。
- 體質虛弱，經常生病。
- 手腳無力，對運動不感興趣。
- 經常感到疲累，影響專注力及整體學習。
- 情緒容易起伏，甚至出現焦慮、低落或脾氣暴躁等。
- 影響社交及日常生活，例如家人為餵養問題出現爭執意見。

在 2015 年，北京大學及加州大學等學者共同發表研究[9]，分析約 800 名年齡介乎 7-12 歲中國兒童的數據，偏食兒童相比沒有偏食的兒童，所攝取的熱量、蛋白質、碳水化合物、大部分的維他命及礦物質均較低，抽血數字亦顯示血鐵、鎂及銅的指數較低。偏食兒童的體重及身高數字較低，體重平均輕約 4 公斤，身高平均矮約 3 厘米。

台灣長庚大學醫學院學者於 2018 年發表一項研究[10]，分析約 300 名 2-4 歲台灣幼兒的數據，當中超過五成有偏食問題。相比沒有偏食的幼兒，偏食幼兒除了身高及體重較低之外，他們更會害怕陌生的環境；與其他人相處較差；運動量較低；更容易有便秘；較經常生病（三個月內生病超過兩次）。雖然參與研究的人數不多，但足見偏食對各方面的健康及社交均有負面的影響。

關於偏食對智力影響的研究，暫時的數據並不多，從已知的臨床數據，幼兒早期營養對兒童智力有深遠影響，因為兒童腦部發展比身體其他部分發展更迅速，缺乏營養（尤其蛋白質、碘、鐵、鋅、葉酸及維他命 B_{12}），都會影響腦部結構，從而影響智力[9]。2022 年，馬來西亞學者發表研究，對象是 339 名 7-9 歲的吉隆坡學齡兒童，當中差不多四成兒童有偏食情況，學者運用「瑞文標準推理測驗」，評估所有兒童的認知能力，相比沒有偏食的兒童，偏食兒童的認知能力明顯較低[11]。

偏食兒童成長至青少年，缺乏營養可能對身體的影響依然持續。一個在歐洲的大型研究顯示[12]，追蹤超過 2,000 名兒童由其出生至 15 歲，發現當偏食兒童 15 歲時，身高及體重比沒有偏食的兒童明顯較低；此外，有其他大型追蹤研究也有類似的發現，布里斯托大學醫學院學者追蹤約 14,000 名英國兒童，收集由出生至成年的生長數據，發現偏食兒童的身高及體重平均比沒有偏食的兒童低 5-10 百分點（centile points），模型推論於每一個年齡組別，偏食兒童都比沒有偏食的兒童矮 1-2 厘米，體重輕 1-2.5 公斤[13]。

由此可見，從臨床經驗及研究數據所知，可見偏食對兒童各方面的健康及發展都有負面的影響。

偏食會隨着年紀長大而改善嗎？

有輕微偏食的孩子，透過以下幾點，情況通常有所改善：

- 家長不斷鼓勵孩子嘗試。
- 營造愉快的進食氣氛及環境。
- 各種煮食技巧的變化。
- 正面的育兒方法。

參考本書第三章節「偏食與餵養篇」，幫助家長分析偏食背後的各種原因，從而對症下藥，同時可參考本書第四章節的偏食食譜，運用各種煮食方法改善問題。

遺傳因素？環境因素？

不少家長可能有疑問：
偏食是先天還是後天引起？
偏食會隨着年紀長大而改善嗎？

倫敦大學學院、倫敦國王學院及劍橋大學等學者組成的研究團隊，於 2024 年發表的研究[14]或許能夠提供答案，這是第一個遺傳環境對偏食影響的追蹤研究。研究團隊追蹤約 4,800 名英國出生的雙胞胎，並於他們 16 個月、3 歲、5 歲、7 歲及 13 歲時，邀請家長填寫問卷，收集進食行為的數據，了解不同年紀偏食行為的變化，以及分析遺傳及環境的影響。

研究指出，兒童偏食主要源自遺傳因素（介乎 60-84%），但亦有很大部分與環境因素有關（介乎 15-26%）。

研究發現偏食行為普遍於 7 歲左右達到最高峰，之後會有輕微改善，但會一直延伸至青春期初期。而不同年齡的兒童，偏食很大程度受着基因影響（介乎 60-84%）。面對偏食孩子，家長很多時會怪責自己，或者被怪責教導不善，此次研究指出偏食與遺傳的關係，可能令家長鬆一口氣。

研究亦發現環境因素對偏食的影響佔上一大部分（介乎 15-26%），於幼兒時期尤其顯著，而且影響可以延續至 5 歲之後。

家長怎樣做？

研究團隊表示，兒童偏食雖然主要源自遺傳因素，但仍能透過環境或治療作出改善，只是過程比較具挑戰性，主張醫護人員必須有同理心，提供具科研實證、個人化、密集式的偏食治療，並向家長提供指引應對孩子不同程度的偏食情況。

作為醫護人員，我們認為孩子是獨立的個體，偏食背後的原因都不一樣，不管是先天還是後天因素導致偏食（本書第三章節有詳細分析），凡偏食影響小朋友的健康、生長、社交、親子及家庭關係，建議尋求專業協助。根據以上英國幾所大學的大型研究，3 歲前介入治療，效果或可延續至 5 歲之後。

如果偏食情況嚴重，持續 3 個月或以上，我們建議尋求專業協助，情況如：

- 進食食物種類狹窄（少於 30 款）。
- 每餐進食時間超過 1 小時。
- 偏好流質和細碎食物（例如加固後仍依靠飲奶為主；1 歲嬰兒仍以粥仔、糊仔為主）。
- 整體吃喝分量不足，每餐只吃上幾啖。
- 進食問題影響日常生活（例如不能外出用膳及在校園午餐）。
- 身高及體重增長減慢，體重生長線下跌兩條或以上。

從臨床觀察及研究數據，偏食問題往往不會隨嬰幼兒年紀增長而解決。在日常接觸的個案，有家長接觸坊間有關營養、餵養或育兒資訊後，不恰當地應對幼兒偏食的問題，有時甚至令情況更趨惡化。如果偏食及餵養問題持續及加劇，影響孩子的健康、生長、社交、親子及家庭關係，家長就必須正視及解決問題了。

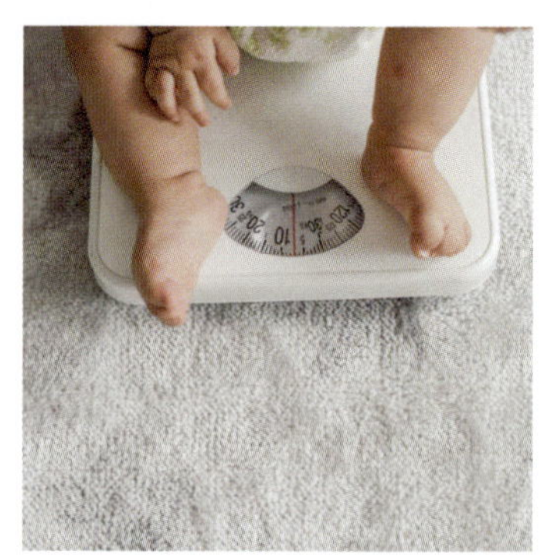

近年最新發展：甚麼是兒童餵食障礙？

多年來，醫學界對偏食缺乏有系統的處理及治療方案，直至 2019 年，有餵食專家發表文獻，建議將餵養及偏食問題的嬰幼兒確診為「兒童餵食障礙 Pediatric Feeding Disorder」，指出背後原因與身體狀況（medical）、營養（nutritional）、餵食技巧（feeding skills）、心理及社交（psychosocial）等因素有着關係[15]。2021 年，美國疾病預防及控制中心將「兒童餵食障礙 Pediatric Feeding Disorder」納入世界衞生組織 ICD-10-CM 國際疾病分類，成為正式診斷[16]。

醫學界建議「兒童餵食障礙」的確診條件（見以下四方面）[15]，如孩子出現與年齡情況不吻合的進食減少情況，持續至少兩星期，並與以下任何一個或以上功能障礙有關，應尋求專業人士治療及評估。

飲食功能障礙	治療及評估
醫學：口腔、鼻腔或咽部功能問題；腸胃疾病；呼吸或肺部疾病；心臟疾病；腦部 / 神經發展 / 精神疾病等。	兒科專科醫生（腸胃科、體智及行為發展學科、外科、腦科、胸肺科等）
營養：營養不良、飲食不均衡引致的營養素缺乏；需倚賴營養補充劑補充營養及水分。	兒科營養師

飲食功能障礙	治療及評估
餵食技巧：食物或液體需要改變質地；需要特定餵食姿勢或工具；需要改變餵食策略（基於口腔或咽部的運動功能障礙或感官障礙、欠缺餵食技巧等）。	言語治療師、職業治療師（專門餵食治療）
心理及社交：兒童拒絕進食的行為；照顧者不恰當的餵食方法以滿足營養需要；因餵食影響日常社交；因餵食影響親子關係等。	兒童心理學家

該文獻對以上各確診條件有更仔細的講解，涉及不同醫護人員的專業評估，建議以跨專業的醫療團隊模式，包括專科醫生、營養師、專注餵食治療的言語治療師、職業治療師、心理學家、社工等[15]，全方位協助這些嬰幼兒及家長，抽絲剝繭找出偏食的背後原因，從而建議合適的方案改善情況。本書以不同的專家作者配搭組合，就是這個原因。

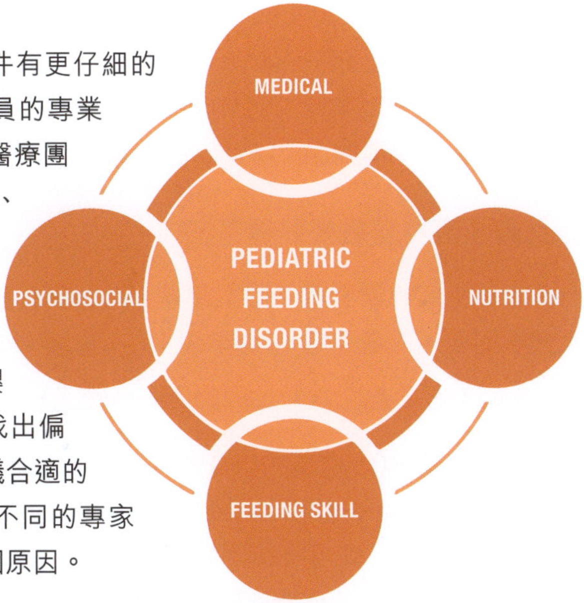

圖片來源：feedingmatters.org

處理偏食問題的方法眾多，我們適宜採取以提倡多專業角度評估及介入、具科學實證、着重兒童全面發展包括生理及心理需要。科研實證的餵食治療如 SOS approach、AEIOU、Sensory-Motor Approach 等，當中的取向及重點有些微分別，並沒有一種方法特別優勝，最重要是切合孩子及家庭的情況。

進食，是學習而來的行為

很多家長有以下的疑問：「肚餓就食」不是本能反應嗎？為甚麼孩子會不吃？

對於進食，我們經常過於簡單地去解讀，例如說：進食是簡單的、一開眼便食、一出世便懂食，但這些都是錯誤的想法。

呼吸是本能反應，但進食絕對不是。進食是一個複雜的過程，絕對不是「坐下、打開口、合上口、吞嚥」這樣簡單。一下吞嚥動作其實牽涉 25 個步驟、26 組肌肉及 6 大神經線，而在進食的過程期間，也牽涉八大感覺統合系統。當孩子長大至 3、4 個月或之前，進食是其本能反應；但直至 5、6 個月或之後，進食卻是一項學習得來的行為[17]。

進食絕對不是「肚餓就自然會吃」這樣簡單。在數據上，有 94-96% 孩子的確是肚餓自然會吃；另外 4-6% 有餵食困難的孩子，因身體狀況或缺乏進食技巧，寧願「不吃」，他們覺得「不吃比吃」更舒服自在[17]。

子女有否偏食及餵養問題？

世界各地不同的學者嘗試設立問卷，幫助家長自行評估孩子是否有偏食及餵養問題，而需要尋求專業的協助。醫護人員會使用這些工具作為初步評估，篩查需要專業協助的孩子及家庭。

在多項問卷之中，以 BPFAS（Behavioural Paediatrics Feeding Assessment Scale, 譯名為《兒童餵食行為評估測量表》）最廣為世界各地醫護人員使用。這項問卷於 2001 年由加拿大一所餵食門診發表，是目前眾多餵食評估中，最能準確及可靠地辨識學前兒童的餵養問題[18]。問卷由家長作答，共 35 條問題，包括 25 條有關孩子用餐行為，以及 10 條有關家長態度和處理的方法。

家長可透過這個 QR code，回答網上簡化中文版的問卷。問題以英文版本為準，如分數高於 84 分，代表孩子經常有不同的餵養及偏食問題，分數愈高表示問題愈嚴重，為孩子整體健康帶來負面影響，建議尋求專業協助，全面評估孩子的情況，由餵養習慣入手，改善偏食的習慣及孩子的健康。

參考資料

1. Taylor CM, Wernimont SM, Northstone K, Emmett PM. Picky/fussy eating in children: Review of definitions, assessment, prevalence and dietary intakes. Appetite. 2015 Dec;95:349-59.
2. Lee A. Health survey, Hong Kong. The Chinese University of Hong Kong, The Centre for Health Education and Health Promotion. 2006. Available from: https://www.cuhk.edu.hk/cpr/pressrelease/060708e2.htm
3. Woo J, Chan R, Li L, Luk WY. A survey of infant and young child feeding in Hong Kong: diet and nutrient intake. 2012. Available from: https://www.fhs.gov.hk/english/reports/files/Diet_nutrientintake_executive%20summary_2504.pdf. Accessed February 2025
4. Chung LMY and Fong SSM. Cross-Sectional Exploration on Feeding Practices of Feeders towards Preschoolers' Picky Eating Behaviors. J Nutri Med Diet Care 2015, 1:2
5. Family Health Service, Department of Health. A Survey of Young Child Feeding in Hong Kong (2016). 2018. Available from: https://www.fhs.gov.hk/english/reports/files/young_child_feeding_report.pdf. Accessed February 2025
6. Wan AWL et al. Healthy Eating Report Card for Pre-school Children in Hong Kong. Hong Kong Med J 2024;30:209–17
7. Spill M, Callahan E, Johns K, et al. Repeated Exposure to Foods and Early Food Acceptance: A Systematic Review [Internet]. Alexandria (VA): USDA Nutrition Evidence Systematic Review; 2019 Apr.
8. Wolstenholme H, Kelly C, Hennessy M, et al. Childhood fussy/picky eating behaviours: a systematic review and synthesis of qualitative studies. Int J Behav Nutr Phys Act. 2020;17,2.
9. Xue Y, Lee E, et al. Prevalence of picky eating behaviour in Chinese school-age children and associations with anthropometric parameters and intelligence quotient. A cross-sectional study. Appetite. 2015 Aug;91:248-55.
10. Chao HC. Association of Picky Eating with Growth, Nutritional Status, Development, Physical Activity, and Health in Preschool Children. Frontiers in Pediatrics 2018;22:1-9.
11. Mok KT, Tung SEH, Kaur S. Picky Eating Behaviour, Feeding Practices, Dietary Habits, Weight Status and Cognitive Function Among School Children in Kuala Lumpur, Malaysia. *Malaysian Journal of Medicine and Health Sciences.* 2022;18(4):10-18
12. Grulichova M, Kuruczova D, Svancara J, Pikhart H, Bienertova-Vasku J. Association of Picky Eating with Weight and Height—The European Longitudinal Study of Pregnancy and Childhood (ELSPAC–CZ). Nutrients. 2022; 14(3):444
13. Taylor CM, Steer CD, Hays NP et al. Growth and body composition in children who are picky eaters: a longitudinal view. Eur J Clin Nutr 2019;73:869–878.
14. Zeynep Nas et al. Nature and nurture in fussy eating from toddlerhood to early adolescence: findings from the Gemini twin cohort. J Child Psychol Psychiatr 2024; 0(0): 1–12
15. Goday PS, Huh SY, Silverman A, et al. Pediatric Feeding Disorder: Consensus Definition and Conceptual Framework. J Pediatr Gastroenterol Nutr. 2019;68(1):124-129.
16. Phalen JA. Pediatric Feeding Disorder and a New ICD-10-CM Code. AAP Pediatric Coding Newsletter (2021) 16 (12): 10–11.
17. SOS Approach to Feeding. Top 10 Myths of Mealtime. 2019. Available from: https://sosapproachtofeeding.com/top-10-myths/. Assessed February 2025.
18. Sanchez K, Spittle AJ, Allinson L, Morgan A. Parent questionnaires measuring feeding disorders in preschool children: a systematic review. Developmental Medicine & Child Neurology. 2015 Sep;57(9):798-807.

Chapter 2

專家拆解兒童偏食及餵養疑慮

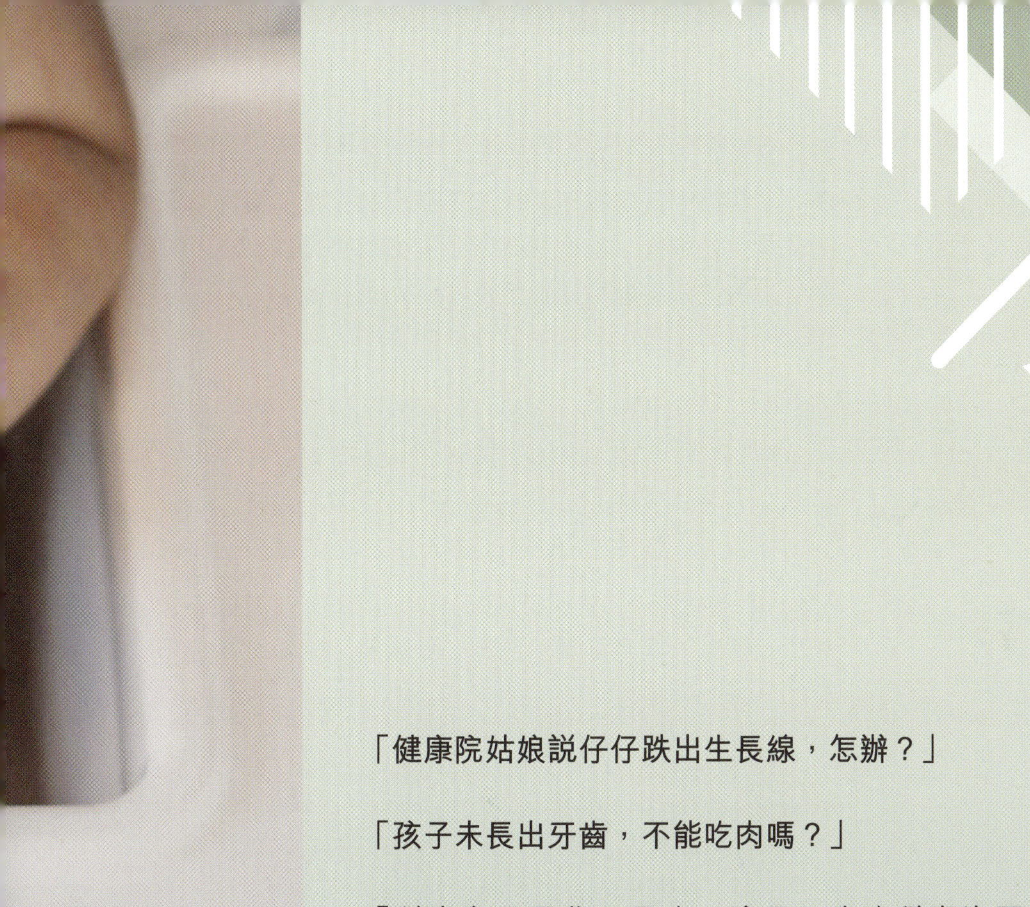

「健康院姑娘說仔仔跌出生長線，怎辦？」

「孩子未長出牙齒，不能吃肉嗎？」

「稀粥容易吸收又易吃，孩子一直吃稀粥沒問題吧！」

「孩子每餐要吃一模一樣的，可以怎做？」

「我懷疑孩子黐脷筋，所以不肯吃，有可能嗎？」

「孩子進食時喊痛，是口腔出問題了嗎？」

家長對孩子偏食的問題數之不盡，有關於身高體重高低、加固的煩惱，以及種種與餵食相關的身心疑問。

這個章節，五位兒科專家（包括註冊營養師、註冊言語治療師、小兒外科專科醫生、兒科專科醫生及兒童職業治療師）為家長提供偏食及餵養的致勝錦囊，對症問題作出適當的對策。

(1) 生長篇

（生長篇資料由兒科營養師黃思敏及兒童體智及行為發展學科專科醫生杜蘊瑜醫生提供）

第一章節提到偏食對孩子健康的各種影響，當中對生長的影響尤其明顯，研究顯示相比起不偏食的兒童，偏食兒童的身高及體重均較低，故此監察孩子生長趨勢尤其重要。監察兒童生長的方法是運用生長圖表（growth charts）。

生長圖表（growth charts）是甚麼？

就像成年人高矮肥瘦一樣，嬰兒出世時也可能有不同身形。嬰幼兒每日都在成長，生長圖表（growth charts）讓我們知道孩子的生長速度是否合乎標準。生長圖表一般劃分為 0.4、2、9、25、50、75、91、98、99.6 九條生長線。將身高、體重、頭圍等資料放於生長圖表，會知道嬰幼兒位處於哪一條生長線。

例子 一個出生體重 3 公斤的嬰兒，大概位處第 25 條生長線，即代表 100 位同一天出生的嬰兒，如按體重順序排列，該嬰兒的重量大概排列第 25。

香港的上一組生長圖表於 1993 年，由本地兒科醫生運用香港兒童的生長資料製作而成[1]，一直沿用多年。衞生署於 2024 年 4 月發表香港 2020 生長圖表[2]，搜集近年兒童的生長數據整合而成，更能反映現今兒童的生長趨勢。可以透過 QR code，查閱整套香港 2020 生長圖表。

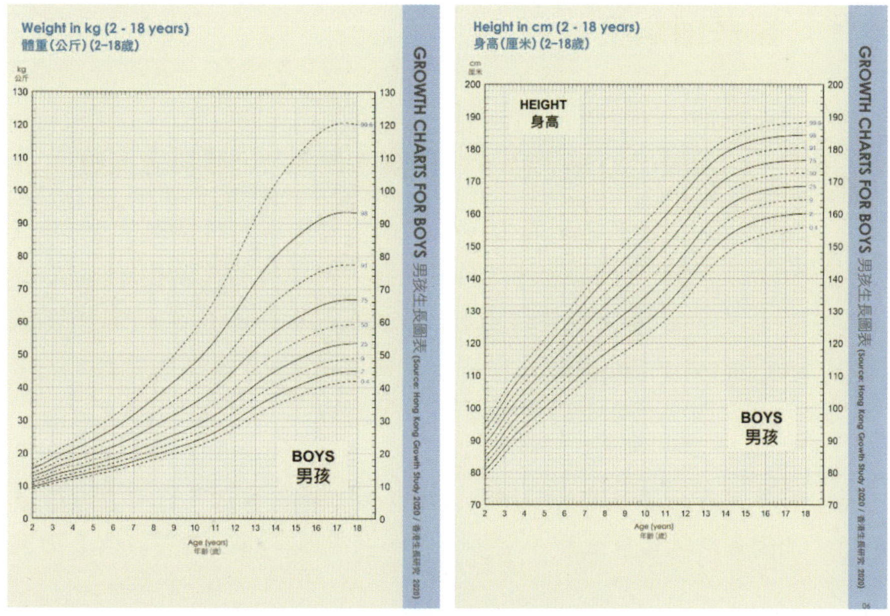

以上是香港 2020 生長圖表，顯示 2 至 18 歲香港男童的體重及身高。

如何分析生長圖表及生長線？

坊間有很多關於生長圖表及生長線的誤解，例如：

X 生長線排名愈高愈好。

X 追求第 50 條生長線，因為這才是標準。

X 在最低的一兩條生長線，代表生長有問題。

事實上，身高、體重位處哪一條生長線並不是最大問題，只要嬰幼兒一直沿着生長線趨勢生長就可以了，即如果嬰兒的體重一出生位處於第 25 條生長線，之後他只要繼續沿着第 25 條生長線增重就沒問題，所以即使相對「細粒」的孩子，只要健康增重，父母就不用太擔心！緊記不用將自己孩子與其他孩子比較，因為每位孩子都會按着自己的生長線成長的。

家長的煩惱 1

健康院姑娘説孩子「跌穿生長線」，是甚麼意思？

生長趨勢越來越慢，例如幾個月後出生體重由第 25 條跌至第 10 條甚至第 3 條生長線，這樣稱為跌穿兩條生長線。跌穿兩條生長線或以上，醫學上可以界定為生長遲緩（faltering growth/ weight）；但出生體重大過第 90 條生長線或少於第 10 條生長線，生長遲緩的定義就略有不同。

生長遲緩的主要原因是營養或餵食問題，例如整體攝取不足、進食分量不足、加固太遲或進度太慢、家長煮食問題等等，醫學問題只佔上少數（只有 5%）[3]。

如有生長遲緩或跌穿生長線情況，建議必須由兒科醫生及兒科營養師評估背後的原因。

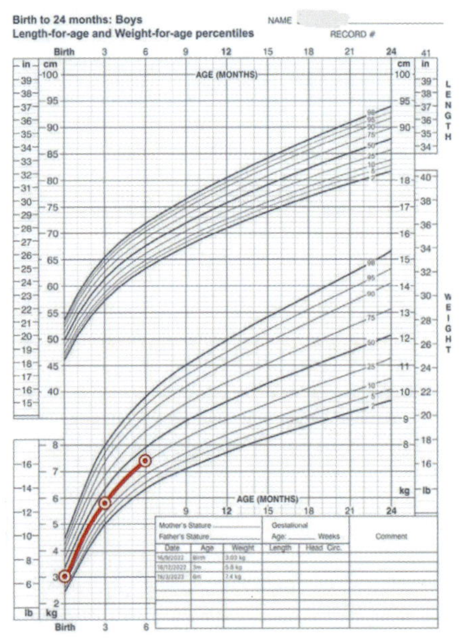

健康增重情況，體重從出生開始一直沿着第 25 條生長線增加。

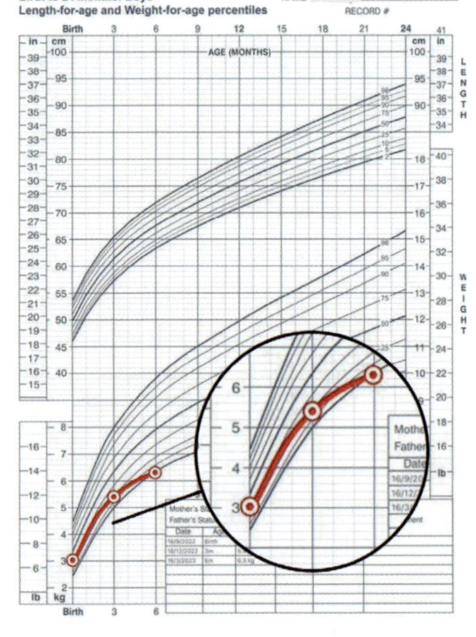

生長遲緩 / 跌穿生長線的情況，體重從出生開始的第 25 條生長線，在三個月大時跌至第 10 條，在六個月大時跌至第 3 條生長線。

孩子長得比別人細粒，正常嗎？

即使寶寶長得較細小或出世時體重較輕，但只要沿着生長線成長，身高體重的增長速度合乎標準，亦屬正常，家長毋須過於擔心。反之，生長趨勢越來越慢，體重跌穿生長線，有生長遲緩的傾向，必須由醫護人員評估背後的原因了。

生長線愈高愈好嗎？

正如成人有高矮肥瘦一樣，嬰幼兒亦會有不同身形。家長不應將自己孩子與其他孩子作比較，每位孩子都會沿着自己的生長線成長，家長並不須追求生長線越高越好。緊記：小孩的生長是和自己比較的。

孩子只長高不長肉，正常嗎？

身高和體重在差不多的生長線，代表身形合乎比例。即使有些孩子的身高和體重在不一樣的生長線，如整體生長趨勢合適也不一定代表有問題。醫護人員可透過計算孩子BMI（體重指數），並運用BMI生長圖表評估，確定孩子是否有體重過輕、長高不長肉的情況，並提供建議改善情況。

孩子進食沒有問題，食量正常，但仍然偏瘦矮小，是身體出現問題嗎？

孩子的身高很大程度取決於基因，如果家長個子不高，有可能孩子進食足夠但仍然比較矮小，這並不一定代表身體有問題。另外，緊記孩子的生長是和自己比較，只要孩子沿着自己的生長線成長，並不用太擔心。臨床上的確有孩子因先天情況，導致即使進食分量足夠但依然非常瘦小，例如孩子有心臟或呼吸問題，身體能量需求特別大，但這種特別情況只佔少數。

甚麼情況下需要量度骨齡？

骨齡（bone age）通常由兒科醫生或兒科內分泌科醫生安排，是一個常見的兒科臨床測試，評估孩子骨骼成熟程度。

透過將孩子左手腕、手板及手指的 X 光片，與同年紀及性別數據的 X 光圖片比對，從而量度骨齡，並將孩子的骨齡與年齡比對。

身高過矮、過高、青春期過早、先天基因疾病、缺乏生長荷爾蒙、甲狀腺過低 / 過高等情況，醫生都會安排量度骨齡，協助醫生診斷、治療及監察。骨齡也可用作預計孩子長大為成人的身高，但不同方法存在誤差，身高亦受很多因素影響，例如營養攝取、疾病及荷爾蒙變化等。

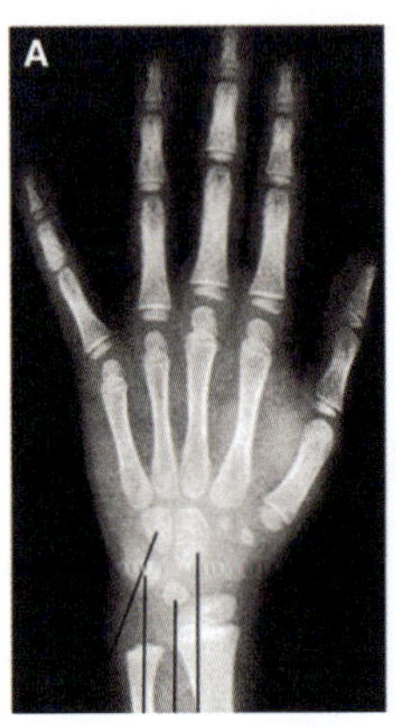

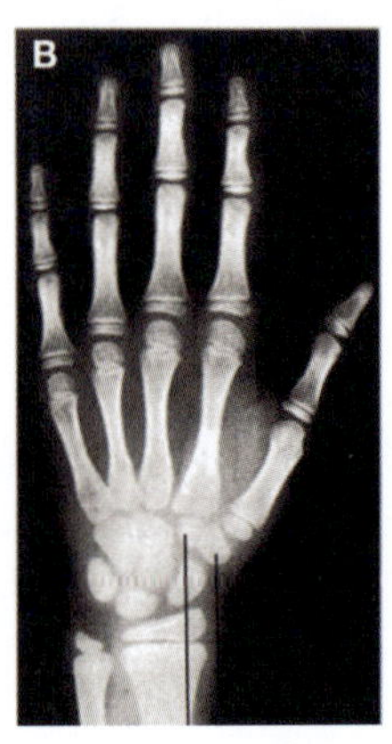

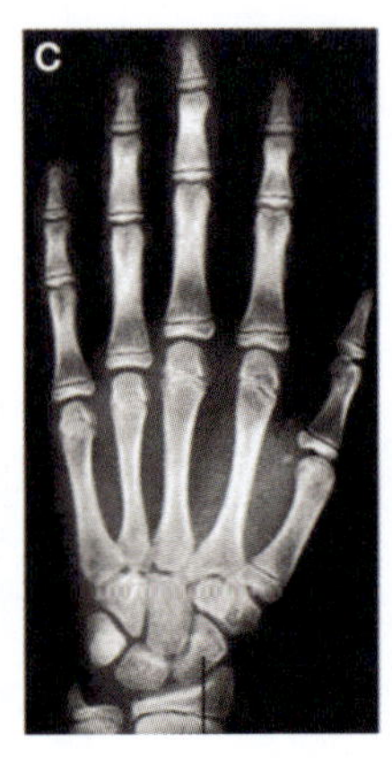

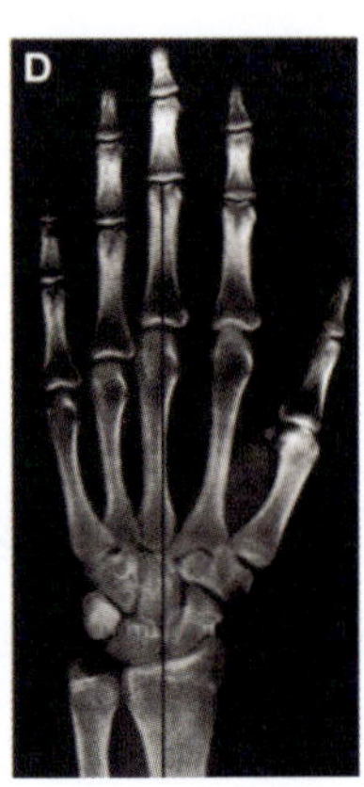

圖 A、B、C、D 分別是 4 歲、8 歲、12 歲及 16 歲女孩的手部 X 光片，她們的骨骼發展與年齡吻合[4]。（圖片來源：Front Pediatr. 2021 Mar 12;9:580314）

除了身高體重低，還有甚麼身體徵狀，顯示孩子可能有營養不良？

以下圖表概括缺乏何種營養，身體出現的徵狀：

評估	臨床身體徵狀	可能缺乏的營養素
頭髮	幼弱、顏色轉變、易斷	蛋白質及能量、鋅、銅
皮膚	乾燥、脱皮、沙紙般膚質 容易發瘀	必需脂肪酸、維他命 B 雜 維他命 A、維他命 C
嘴唇	嘴角紅腫	維他命 B 雜
舌頭	顏色改變	維他命 B 雜

評估	臨床身體徵狀	可能缺乏的營養素
牙肉	容易出血	維他命 C
指甲	匙羹狀拱起	鐵、鋅、銅
皮下	水腫 脂肪組織不足	蛋白質、鈉 能量
肌肉	肌肉流失	蛋白質及能量、鋅
骨頭	骨骼彎曲	維他命 D

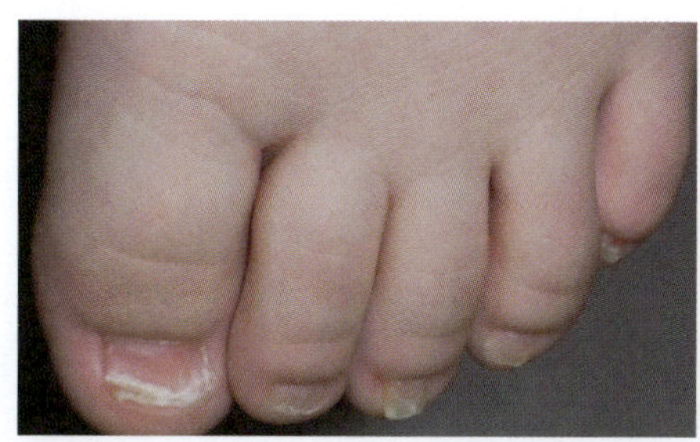

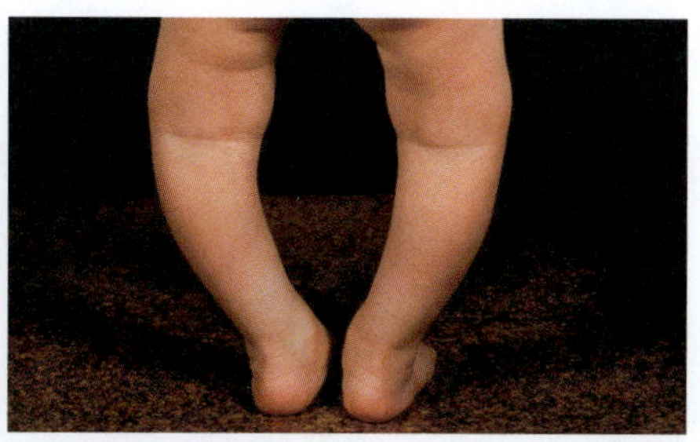

孩子營養不良，有可能導致指甲呈匙羹狀拱起，或骨骼彎曲的身體徵狀。

以上出現的身體徵狀看似上去很普通，未必一定與營養缺乏有關，但如果同時有其他情況，例如體重低、進食分量少，就可能懷疑身體徵狀與營養缺乏有關，建議諮詢醫護人員進行相關測試（如抽血）及飲食評估，確定營養缺乏症[5]。

營養師媽媽的自身經歷

細仔出世時只有 2.5 公斤，體重在最低的生長線，半年內體重慢慢追至第 50 條生長線，之後他的身高及體重一直沿着第 50 條生長線。我時常說細仔在我肚子裏肯定捱餓了，所以出世後營養充足，慢慢追回自己本身的生長線。知道孩子食得玩得瞓得，沿着生長線成長，媽媽就非常滿足。這麼多年來，其實不少親戚朋友每逢看到細仔都說：「嘩！為甚麼孩子這麼瘦？」作為媽媽兼兒科營養師，我的建議是：家長最清楚自己孩子情況，所以不必放在心上。我通常都微笑着應對：「他吃很多了！我和丈夫也不太高嘛！」親友見面時用身形話題作為開場白，可說是亞洲人的特色，所以家長緊記對別人無心之言不要太上心！

實用錦囊

如何解鎖孩子的生長潛力？

雖說孩子的身高大多取決於基因，但配合足夠營養、運動及睡眠，有助孩子充分達到先天優勢。最佳例子是從比對香港 2020 生長圖表及香港 1993 生長圖表的數字，當代 18 歲男性及女性的身高平均高 2 厘米，足以證明充足營養令孩子比上一代更高，並不完全受基因所局限。有人常說：「孩子最緊要吃得、玩得、瞓得！」充足營養、運動及睡眠對兒童成長非常重要。

均衡飲食

為孩子提供均衡飲食，攝取全面營養。鼓勵進食各大種類食物以支援生長，例如穀物類、蔬菜、水果、蛋白質類、奶類，以及適量健康油分，食物種類越多越好，避免不必要的戒口及飲食限制。

由初生至 18 歲的每個年齡組別，就熱量、蛋白質、各款維他命及礦物質都有建議攝取量，並且按體重及年齡而提高，所以攝取每一種營養素都很重要。

營養素	功能
熱量	來自食物的卡路里，而卡路里來自食物的碳水化合物、蛋白質及脂肪。
蛋白質	主要來自肉、魚、海產、蛋、豆腐、豆類、堅果、種子及奶類製品等，除了提供熱量，蛋白質也幫助肌肉生長及修補。
脂肪	主要來自煮食油、堅果、種子、深海魚、牛油果、肉類油脂、全脂奶類製品等，相比起碳水化合物及蛋白質，每一克脂肪提供超過雙倍熱量，所以脂肪對需要增重的兒童很重要。加固篇章會提到脂肪對嬰幼兒尤其重要。
碳水化合物	來自穀物類、水果、高澱粉質蔬菜及奶類等。兩歲以上的嬰幼兒，碳水化合物須佔全日熱量約一半，是重要的熱量來源，碳水化合物經消化後轉化成葡萄糖，供給器官使用。

以上的都是對生長重要的宏量營養素（macronutrients），其他微量營養素（micronutrients，例如鈣、維他命 D、鐵、鋅等）對健康及生長同樣重要。如孩子有特別膳食需要（例如素食、食物敏感等），建議諮詢兒科營養師確保營養充足。

足夠睡眠

確保孩子每晚的睡眠時間足夠，根據美國兒科醫學會及美國睡眠醫學會指引[6]，以及世界衛生組織針對五歲以下兒童的睡眠指引[7]：

年齡	建議睡眠時間
4-12 個月嬰兒	每日 12 至 16 小時（包括小睡）
1 至 2 歲幼兒	每日 11 至 14 小時（包括小睡）
3 至 5 歲幼兒	每日 10 至 13 小時（包括小睡）
6 至 12 歲兒童	每日 9 至 12 小時
13 至 18 歲青少年	每日 8 至 10 小時

睡眠不足會影響孩子發展、學習、行為及健康，孩子難以專注、情緒受影響、免疫力減低。生長荷爾蒙於孩子深層睡眠時分泌最多，幫助生長、肌肉發展及修補[8]。睡眠也會影響胃口荷爾蒙的分泌[9]。嬰幼兒進餐前太累想睡，往往會鬧情緒而不肯進食。

建立睡前習慣，盡量減少睡前刺激。睡眠對孩子非常緊要，家長將睡眠定為優先事項，不要因玩樂或做功課等推遲孩子的入睡時間。

運動

確保孩子有足夠的運動量，根據世界衛生組織建議[7,10]：

年齡	建議運動時間
1 歲以下嬰兒	每日最少共 30 分鐘俯臥活動時間（tummy time）。
1 至 2 歲幼兒	每日最少共 180 分鐘不同種類的運動，運動越多越好。
3 至 4 歲幼兒	每日最少共 180 分鐘不同種類的運動，當中最少 60 分鐘中等至劇烈程度運動，運動越多越好。
5 至 17 歲以上兒童及青少年	每日最少 60 分鐘中等至劇烈程度的運動，以帶氧運動為主，每星期三天劇烈運動，以及強化肌肉骨骼的運動。

充足運動幫助身體強壯及發育、增強認知表現、改善情緒健康等。運動後，小孩通常更肚餓、更有胃口。

參考資料

1. Hong Kong Growth Survey 1993. Available from: https://cuhk.edu.hk/proj/growthstd/index.htm. Accessed in February 2025
2. Hong Kong Growth Study 2020. Available from: https://www.cuhk.edu.hk/proj/hkgrowth. Accessed in February 2025
3. Cooke L and Lanigan J. Faltering Growth. In: Shaw V, ed. *Clinical Paediatric Dietetics.* Oxford, UK: Wiley-Blackwell; 2020: 464-471.
4. Cavallo F, Mohn A, Chiarelli F and Giannini C. Evaluation of Bone Age in Children: A Mini-Review. Front. Pediatr 2021;9:580314.
5. Shaw V and McCarthy H. Principles of Paediatric Dietetics: Nutritional Assessment, Dietary Requirements and Feed Supplementation. In: Shaw V, ed. *Clinical Paediatric Dietetics.* Oxford, UK: Wiley-Blackwell; 2020: 1-17.
6. Paruthi S, Brooks LJ, D Ambrosio C, et al. Recommended amount of sleep for pediatric populations: a consensus statement of the American Academy of Sleep Medicine. J Clin Sleep Med 2016;12(6):785–786.
7. World Health Organization. WHO Guidelines on physical activity, sedentary behaviour and sleep for children under 5 years of age. 2019 Available from: https://www.who.int/publications/i/item/9789241550536. Assessed in February 2025
8. Zaffanello M, Pietrobelli A, Cavarzere P, et al. Complex relationship between growth hormone and sleep in children: insights, discrepancies, and implications. Front. Endocrinol 2024;14:1332114
9. Lin J, Jiang Y, Wang G, et al. Associations of short sleep duration with appetite-regulating hormones and adipokines: A systematic review and meta-analysis. Obesity Reviews. 2020; 21:e13051.
10. World Health Organization. WHO guidelines on physical activity and sedentary behaviour. 2020. Available from:https://www.who.int/publications/i/item/9789240015128. Assessed in February 2025

(2)從發展到加固篇

六個月大開始，嬰兒急速成長及發展，寶寶每一天展示的新技能都讓父母感到驚喜！由寶寶的發展至主導餵食，按部就班引入固體食物，滿足隨年齡增加的營養需求。

加固是一個重要的里程碑。要預防偏食，需要把握加固這個黃金時間，打好基礎。研究顯示，在加固時期讓寶寶重複接觸不同類型的食物，打好基礎，增加長大後對食物的接受程度，就能減少將來偏食的機會[1]。

幼兒發展及餵食里程碑

（資料由兒童體智及行為發展學科專科醫生杜蘊瑜醫生及言語治療師李綺瑩提供）

兒童發展里程碑是展示兒童在不同年齡階段應達到的典型發展目標，了解這些里程碑，讓家長、老師、醫護人員可以監察小朋友的成長進度，如有發展遲緩的問題能及早發現。發展里程碑涵蓋範圍全面，包括大小肌肉、語言、認知、社交情感及餵食能力等發展。家長了解孩子的發展進度，絕對能有效協助孩子加固、教導餵食技巧，以及培養孩子正確的進食態度及餐桌禮儀等等。

0-3 個月

大小肌發展	• 仰臥時頭部和雙手大致保持在中線。 • 從仰臥轉至側臥。 • 用前臂支撐俯臥時，頭向兩邊轉動。 • 俯臥時能稍微抬頭。 • 手腳動作逐漸協調，開始無意識地揮動手臂。 • 能握住放在手中物品（抓握反射）。
語言發展	• 發出簡單聲音（如咕咕聲）。 • 對聲音有反應（如轉頭尋找聲音來源）。
認知發展	• 開始注視人臉和物體。 • 能短暫追蹤移動的物體。
社交情感發展	• 開始微笑。 • 對主要照顧者表現依賴。
餵食發展里程碑	主要進食方式：吸吮和吞嚥反射。 發展特點： • 以母乳或配方奶為唯一的食物來源。 • 能協調吸吮、吞嚥和呼吸。 • 舌頭向前後移動以吸吮。 • 對餵食表現出飢餓和飽足的信號（如哭鬧、轉頭、停止吸吮等）。

4-6 個月

大小肌發展	• 能翻身（從仰臥到俯臥或反之）。 • 從仰臥被拉起，直至坐着時，頭與身體保持直線。 • 用前臂支撐俯臥時，頭抬起向上望。 • 用前臂支撐俯臥時，一邊手可以向前伸取玩具。 • 能用手支撐坐起（需成人協助）。 • 把玩具放入口探索。

語言發展	• 發聲自娛（如咿咿呀呀）。 • 對自己的名字有反應。 • 發出不同的哭聲表達不同需要。
認知發展	• 開對周圍環境表現興趣。 • 能辨認熟悉的人和物體。
社交情感發展	• 開始對陌生人表現警惕（陌生人焦慮）。 • 喜歡與人互動（如玩躲貓貓）。
餵食發展里程碑	主要進食方式：主要飲奶，開始引入糊狀食物（如米糊、果泥）。 發展特點： • 對食物表現興趣（如盯着食物、伸手嘗試抓取）。 • 舌頭能上下移動，開始學習將食物從口腔前部移到後部。 • 能接受用匙羹餵食。 • 合唇吃取匙羹的食物。 • 開始發展對不同味道和質地的接受能力。

7-9 個月

大小肌發展	• 能獨立坐穩。 • 從側坐轉為四點跪。 • 開始爬行或用手腳移動。 • 能用手抓取小物品（如手指食物）。
語言發展	• 發出重複的音節（如「ba-ba」、「ma-ma」）。 • 能理解簡單的指令（如「不行」）。 • 用手指指向物件。 • 用不同動作溝通，如拍手代表好、張開手代表抱抱。
認知	• 開始探索物體的用途（如敲打玩具）。 • 能尋找被藏起來的物體（物體恆存概念）。
社交情感發展	• 對主要照顧者表現強烈依賴。 • 開始模仿他人的動作和表情。

餵食發展里程碑	主要進食方式：糊狀食物和手指食物（如軟水果、蒸熟的蔬菜）；飲奶減少。 發展特點： • 能用手抓取食物，並放入口中。 • 開始發展「咀嚼」動作（即使沒有牙齒，也會用牙齦壓碎食物）。 • 能使用飲管杯喝水（需成人協助）。 • 用雙手捧着奶瓶飲（不適用於母乳餵食的兒童）。 • 對食物的質地和味道表現偏好。 • 開始嘗試更多種類的食物（如肉蓉、豆蓉）。

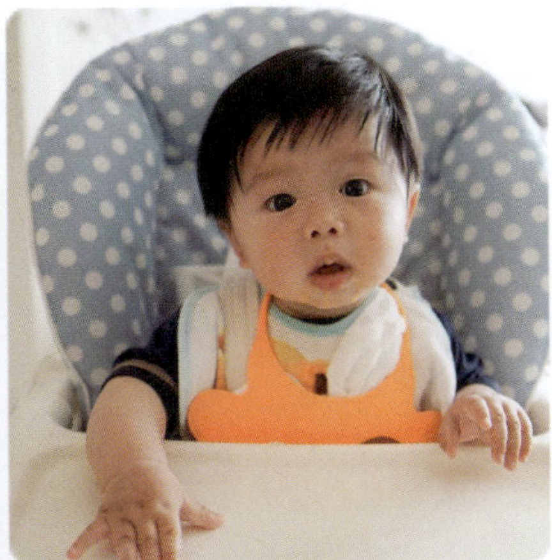

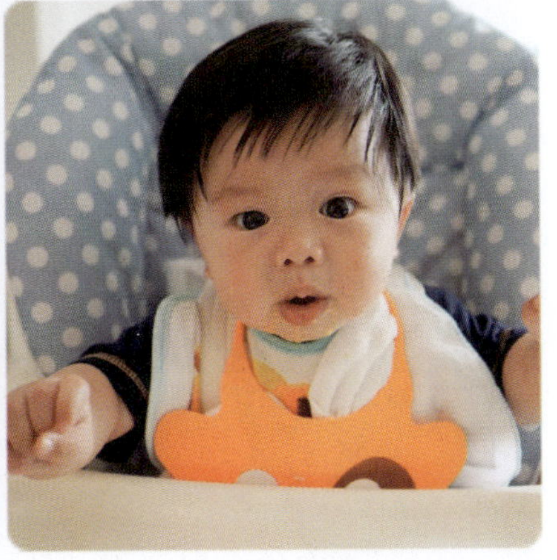

七個月大的孩子完成一碗南瓜雞肉糊。

10-12 個月

大小肌發展	• 能扶着家具站立或行走。 • 能用手捏起小物品（如葡萄乾）。 • 開始嘗試獨立行走。
語言發展	• 模仿身體動作。 • 模仿口部動作。 • 能説出簡單的詞語（如「媽媽」、「爸爸」）。 • 能明白簡單物品名稱，例如身體部分、常見水果、交通工具。 • 能理解更多簡單指令（如「給我」）。
認知發展	• 能模仿動作（如揮手再見）。 • 開始解決簡單問題（如用工具取物）。
社交情感發展	• 表現出對陌生人的害羞或不安。 • 喜歡與熟悉的人互動。
餵食發展里程碑	主要進食方式：手指食物和家庭常規的食物（切碎或軟化）。 發展特點： • 能更熟練地用手抓食物，並自我餵食。 • 在成人拿着杯時，懂得用杯飲用。 • 開始使用杯子獨立喝水（可能仍會灑出）。 • 能嘗試更多質地的食物（如軟飯、麵條、小塊蔬菜）。 • 開始發展咀嚼能力，能處理較硬的食物。 • 對食物表現明顯的喜好或不喜歡。

十個月大的孩子抓起碗中食物，自己放進口吃。

一歲多的
孩子用匙
羹進食。

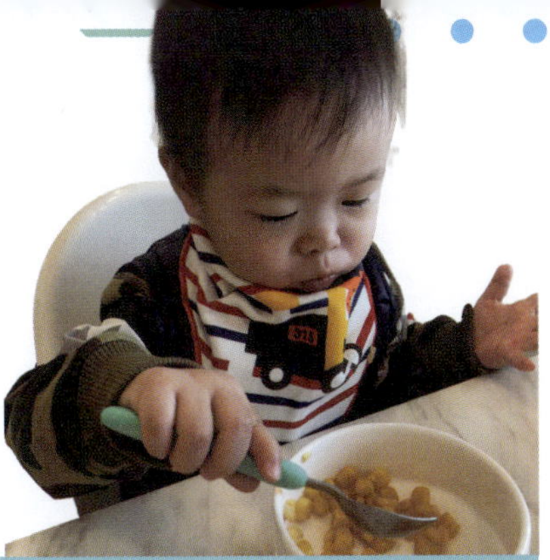

1-2 歲

大小肌發展	• 能獨立行走，開始跑和跳。 • 能獨自坐在矮櫈上。 • 能堆疊積木（2-3 塊）。 • 能嘗試踢球。
語言發展	• 模仿發聲，例如「咮咮」、「汪汪」。 • 能説出 10-20 個單詞。 • 開始組合簡單詞語（如「媽媽抱」）。
認知發展	• 能辨認常見物品的用途（如杯子用來喝水）。 • 開始模仿日常活動（如假裝打電話）。 • 能明白發展之間的關係，用簡單行動已達目標，如門鐘響知道要開門。
社交情感發展	• 表現出獨立性（如「我自己來」）。 • 開始與其他兒童互動（平行遊戲）。 • 用簡單動作或聲音，向其他兒童表達交往意願。 • 主動與成人及兒童分享玩具或食物。
餵食發展里程碑	主要進食方式：家庭常規的食物（切碎或軟化）。 發展特點： • 能使用匙羹進食（可能不熟練，會灑出食物）。 • 能嘗試更多種類的食物，包括肉類、蔬菜、水果和穀物。 • 開始發展餐桌禮儀（如知道要坐在餐椅上進食）。 • 能咀嚼較硬的食物（如餅乾、麵包）。 • 開始表現對食物的選擇性（挑食）。 • 能使用杯子獨立喝水。 • 辨別可進食及不可進食的物件。

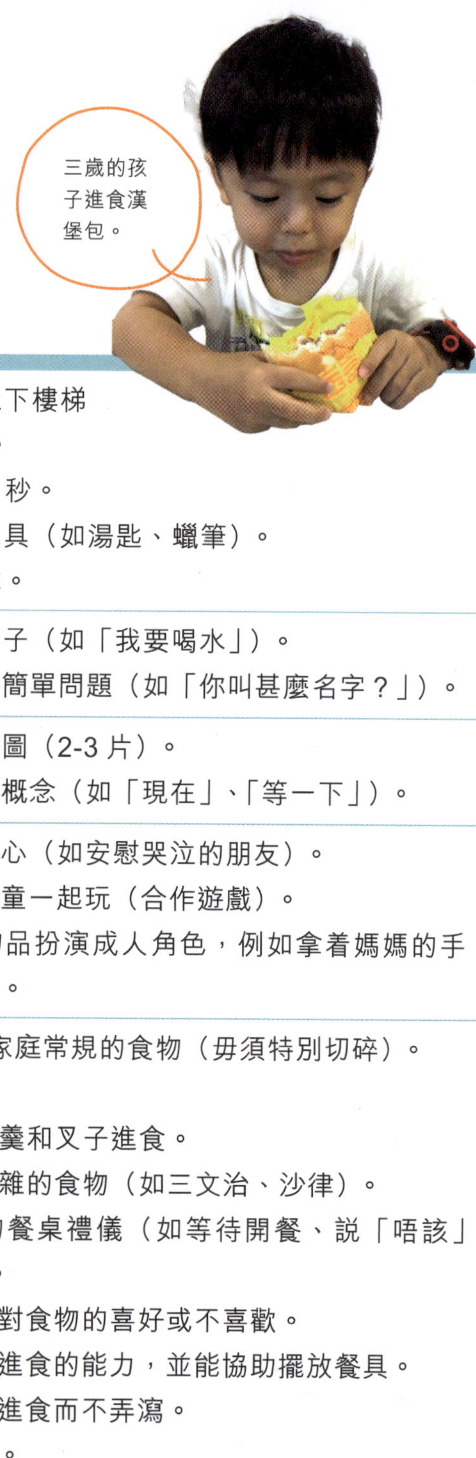

2-3 歲

大小肌發展	• 能跑、跳、上下樓梯（需用扶手）。 • 能單腳站立 1 秒。 • 能使用簡單工具（如湯匙、蠟筆）。 • 能踢球和扔球。
語言發展	• 能説出簡單句子（如「我要喝水」）。 • 能理解並回答簡單問題（如「你叫甚麼名字？」）。
認知發展	• 能完成簡單拼圖（2-3 片）。 • 開始理解時間概念（如「現在」、「等一下」）。
社交情感發展	• 開始發展同理心（如安慰哭泣的朋友）。 • 喜歡與其他兒童一起玩（合作遊戲）。 • 利用成人的物品扮演成人角色，例如拿着媽媽的手袋扮媽媽去街。
餵食發展里程碑	主要進食方式：家庭常規的食物（毋須特別切碎）。 發展特點： • 能熟練使用匙羹和叉子進食。 • 能嘗試更多複雜的食物（如三文治、沙律）。 • 能參與簡單的餐桌禮儀（如等待開餐、説「唔該」和「謝謝」）。 • 能清楚地表達對食物的喜好或不喜歡。 • 開始發展獨立進食的能力，並能協助擺放餐具。 • 自行用杯或碗進食而不弄瀉。 • 用牙籤取食物。 • 用叉子取食物。

3-5 歲

大小肌發展	• 能單腳站立、跳遠和跳高。 • 能使用剪刀剪紙。 • 能畫出簡單的圖形（如圓形、方形）。
語言發展	• 能説出複雜的句子（如「因為我餓了，所以想吃東西」）。 • 能理解並講述簡單的故事。
認知發展	• 能辨認顏色、形狀和數字。 • 開始理解因果關係（如「如果按開關，燈會亮」）。
社交情感發展	• 能與其他兒童合作完成任務。 • 開始發展友誼，並表現分享和輪流的行為。 • 扮演日常生活中常見的角色，例如醫生、警察。 • 主動參與群體活動，如討論時主動發言。
餵食發展里程碑	3-4 歲： • 用筷子送食物入口。 • 粗略地吐出食物內核或骨。 • 用刀切開軟食物。 4-5 歲： • 用筷子夾食物。 • 用刀把牛油或果醬塗在麵包上。 • 用手拿雞翼吃掉附在骨上的肉。

四歲的孩子用刀切開芒果，製作芒果啫喱。

5 歲以上

大小肌發展	• 能熟練地進行複雜的運動（如騎腳踏車、跳繩）。 • 能寫出字母和數字。
語言發展	• 能流利地表達自己的想法和感受。 • 能理解並使用複雜的語法結構。
認知發展	• 能解決更複雜的問題（如簡單的數學題）。 • 開始發展邏輯思維能力。
社交情感發展	• 能理解並遵守規則。 • 開始發展自我意識和自信心。 • 按遊戲規則參與競爭性遊戲，並接受勝負結果。

關於早產兒

根據世界衛生組織（WHO）的定義，未滿 37 週出生的嬰兒就是早產。根據懷孕的週數，早產兒還可以細分成 —— 超早產（<28 週）、極早產（28-32 週）、中晚期早產（32-37 週）。

在評估早產兒時，醫護人員會視乎不同範疇及視乎需要，使用更正年齡（Corrected Age）及實際年齡（Chronological Age）。一般在早產兒兩歲之前，在評估生長（身高、體重、頭圍等）及發展時，都會使用更正年齡，考慮他們提前出世的時間，更能準確地反映他們的生長及發展進度。而在安排接種疫苗時間，以及兩歲後進行的發展評估，就會以實際年齡來計算。

家長的煩惱

如果寶寶厭奶，可否早點進入加固階段？

厭奶的原因可能有幾個：

- 4 個月大開始，寶寶開始對周遭事物感興趣而不能專注飲奶，令飲奶分量減少。
- 4 個月大開始，寶寶生長速度比首三個月稍為減慢，寶寶可能因而自我調整飲奶分量。
- 寶寶可能由細到大被迫着飲奶，幾個月後開始產生厭惡感。

如果寶寶開始厭奶，緊記按需求餵奶（即寶寶顯示肚餓才餵奶），千萬不要逼迫寶寶飲奶，以免造成反感令情況越來越差。有家長嘗試用米水沖奶，但留意米水本身營養價值不高，反而用米水開奶會令奶變得濃稠，可能令奶較難從奶嘴孔吸啜出來。

至於可否早點加固，要視乎寶寶是否準備好，寶寶應清楚顯示以下三大徵兆[2]：

- 寶寶能夠穩定地坐好，頭部穩定，代表孩子可以安全地進食及吞嚥。
- 寶寶有手眼協調能力，會望着食物、拿起並放入口，代表孩子開始有能力自己進食。
- 寶寶能夠吞嚥食物，而不是把食物吐出來，代表孩子準備好進食固體食物。

根據世界衞生組織建議，嬰兒 6 個月大開始可以引進固體食物，並繼續飲用母乳或配方奶[3]。近年有其他兒童醫學組織提倡，從預防食物敏感的角度，可以早至 4-6 個月開始引進合適質地的固體食物[4]。

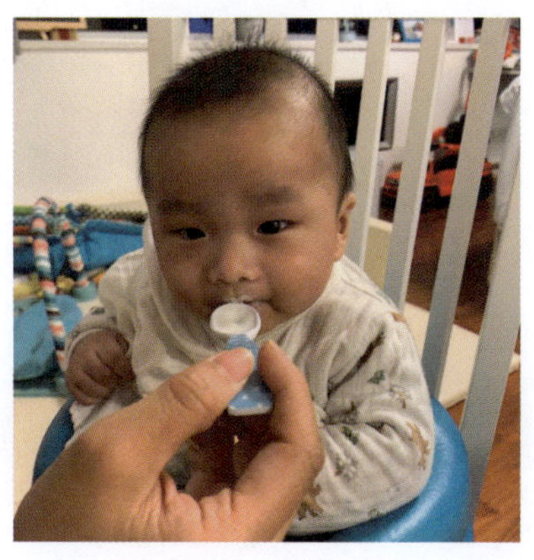

BLW 是否可以預防偏食？

BLW（Baby-Led Weaning，寶寶主導斷奶）是一種讓嬰兒從加固期開始自主進食的方法，強調由寶寶主導進食過程。家長提供適合寶寶抓握的軟質食物（如蒸熟的蔬菜條、水果條等），讓寶寶自己選擇吃甚麼、吃多少，而不使用泥狀食物餵食。

BLW 不一定能預防偏食，文獻上亦無明顯數據支持；但 BLW 的確有些好處，有機會幫助小朋友減少偏食[5]，例如讓寶寶早期多接觸不同的食物、自主選擇食物，以及透過與家人共餐進行模仿學習進食等，都是良好的進食習慣。

然而在餵食方式上「沒有最好，只有最適合」。不論寶寶是選用 BLW、傳統加固，還是混合模式，都各有優點及缺點，最重要是選擇一個合適寶寶發展階段及家庭生活的餵食方法，家長觀察小朋友的發展需求，觀察寶寶的口腔發展能力、對食物的興趣，而選擇適合的餵食方式。

無論採用那種方法，要讓寶寶重複接觸不同類型的食物，有效預防偏食[1]，且確保食物的質地和大小適合寶寶，避免哽塞風險。緊記餵食不僅是營養攝取的過程，也是寶寶探索世界、發展技能的重要機會。要選擇最適合孩子和家庭的方式，才能讓餵食成為愉快的親子互動時光。

一歲前以飲奶為主，不吃固體也沒所謂？

隨着嬰兒體重增加，熱量、蛋白質、脂肪、流質及各種微量營養素的需求不斷增加（見下表[6]）。

	0-4 個月	5-6 個月	7-12 個月
熱量 (kcal/kg/day)	96-120	72-96	72
蛋白質 (g/kg/day)	1.8-2.6	1.8	1.6-1.7
流質 (ml/kg/day)	150	150	120

必須留意，以上列表的熱量、蛋白質及流質單位，以每公斤體重計算，所以隨着體重增加，熱量、蛋白質及流質的需求會不斷增加。

嬰幼兒身體的鐵質儲備，大多到 4-5 個月大時耗盡，6 個月大後鐵質需求會大幅增加。若太遲加固，很容易出現缺鐵性貧血。缺鐵性貧血是嬰幼兒常見的營養素缺乏症，令免疫力下降，影響認知發展。

世衛建議嬰兒 6 個月大開始加固，因為 6 個月大的嬰兒單憑飲用母乳或配方奶已不能滿足營養需求。而且，嬰兒此時的腸胃、身體肌肉協調及吞嚥能力開始發展成熟，適合引進固體食物。

家長的煩惱 4

孩子剛剛開始進食，甚麼質地適合加固階段？

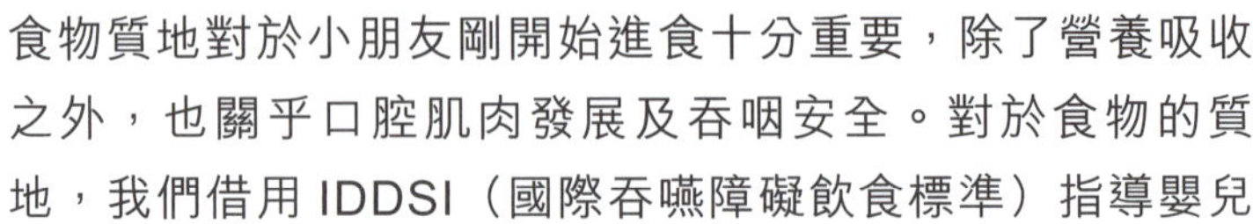

食物質地對於小朋友剛開始進食十分重要，除了營養吸收之外，也關乎口腔肌肉發展及吞咽安全。對於食物的質地，我們借用 IDDSI（國際吞嚥障礙飲食標準）指導嬰兒加固階段的食物質地選擇，使食物質地更加標準化，更有明確的分級，確保食物質地安全適合小朋友吞咽能力，減少哽塞風險，從而協助家長根據寶寶的發展階段逐步調整食物質地。

IDDSI 分級[7]與嬰兒加固階段的對應

IDDSI 4 級 （糊狀）	• 適合剛開始加固的寶寶（6-7 個月）。 • 食物應該呈完全糊狀，無顆粒，在匙羹上保持形狀；不硬、不黏；流質、極少食物殘留匙羹上。 • 例如：肉糊、稠米糊。
IDDSI 5 級 （細碎及濕軟）	• 適合中期加固的寶寶（8-9 個月）。 • 食物為細碎狀（2 毫米闊，不長於 8 毫米），質地軟綿濕潤，沒有液體分離，可在碟內掏起或變化形狀（例如弄成球形）。 • 例如：充分剁碎、切碎或壓碎的蔬菜 / 水果 / 肉。
IDDSI 6 級 （軟質及一口量）	• 適合後期加固的寶寶（10-12 個月）。 • 食物為軟質一口量（不大於 8 毫米小塊），吞嚥前需要咀嚼，質地柔軟細嫩，沒有液體分離現象。 • 例如：軟飯、搗碎已蒸煮或水煮的蔬菜 / 肉；水果搗碎

IDDSI 嬰幼兒食物例子（由左至右）：4 級——南瓜雞肉糊、5 級——西蘭花豬肉碎爛飯、6 級——芝士通粉。

BLW、傳統加固與 IDDSI 的食物質地對比表

階段	BLW 質地	傳統加固質地	IDDSI 分級
初期 （6-7 個月）	軟質條狀食物 （如蒸熟的蔬菜條、香蕉條）	完全泥狀食物 （如米糊、果蓉）	IDDSI 4 級 （糊狀）
中期 （8-9 個月）	軟質塊狀食物 （如蒸熟的南瓜塊、豆腐塊）	細碎食物 （如蔬菜碎、肉碎）	IDDSI 5 級 （細碎及濕軟）
後期 （10-12 個月）	軟爛小塊食物 （如軟飯、切碎的水果）	軟腍小塊食物 （如軟飯、蔬菜粒）	IDDSI 6 級 （軟質及一口量）

IDDSI 4 級、5 級及 6 級的食物測試方法。資料來源：www.IDDSI.org
或參考以下 QR code，透過短片進一步了解。

很多家長及醫護人員都擔心手指食物會引起哽塞情況。有歐洲學者於 2024 年發表文獻，回顧最近 12 年的相關研究，指出傳統加固及 BLW 的哽塞風險並沒有明顯不同，反而這與家長本身對避免嬰兒哽塞的了解程度有關[8]。

孩子還未長牙齒，不能吃肉嗎？

寶寶大約 4-10 個月開始冒出第一顆牙齒，但乳齒在胎兒時期已經在牙床裏發育完成，即使牙齒還沒有冒出來，牙床有足夠力量弄碎食物。初期的咀嚼和吞嚥依靠的是舌頭、下顎及面頰的移動，有實際咀嚼功能的牙齒大約待一歲後才長出，因此即使寶寶還沒開始出牙，6 個月已可以加固了。當寶寶 10 個月至一歲時，應該最少吃到肉碎，有些寶寶甚至有能力吃雞翼鎚、三文魚塊！

所以不應該以寶寶出牙與否，而考慮應否加固，應該循序漸進，依據寶寶的咀嚼和吞嚥能力，從水狀到半固體至固體來調整加固食品的質地。在餵食方法上，傳統加固可以把肉類打糊或搗碎，或把烚蛋黃按成泥狀，按餵食方法加入米糊 / 粥仔；而實行 BLW 則可以加入飯波 / 班戟 / 腸粉當中，或製成肉餅 / 蛋餅。

營養上，肉類含豐富蛋白質，尤其是紅肉更含豐富鐵質。由嬰兒 6-7 個月大起就可每天吃肉。太遲開始吃肉，蛋白質及鐵質攝取不足，增加生長遲緩及缺鐵性貧血的風險。

粥仔容易吸收又易吃，孩子一直吃粥仔沒有問題嗎？

在加固期間，食物質地的變化很重要！以傳統加固為例，6-7 個月可吃肉糊粥；8 個月開始，食物質地應該提升至細肉碎、稠粥；10 個月開始，食物質地可以提升至爛飯、肉碎、蒸魚；一歲開始，已經可以吃軟飯、粉麵（需剪碎）、肉絲等接近大人質地的食物。

食物質地變化，有助寶寶訓練咀嚼能力及口部肌肉。有研究發現小朋友的口肌力量足夠，咀嚼能力愈好，發音咬字都會愈清楚。間中遇到一、兩歲的小朋友，他們有咬字不正、發音困難等問題，一問之下跟他們的飲食習慣有關，因為他們大部分時間吃粥或剪碎食物，甚少咀嚼。

從營養角度來看，同樣都是半碗的分量，肉糊粥仔的水分含量較多，能量及營養最低，長期吃粥，營養攝取會追不上寶寶的身體需求。

半碗飯的熱量相等於一碗爛飯或一碗半粥，可見粥的熱量密度最低。

寶寶吃多少分量加固食物，就能取代一餐奶？寶寶寧願飲奶也不肯吃，可以飲奶取代正餐嗎？

加固初期，寶寶尚探索食物味道及質感，開始顯示對食物的喜好，有時接受食物，有時拒絕食物，所以進食固體的分量不固定是正常的。

如果寶寶開始可以完成以下食物，就可以取代一餐奶量：

傳統加固

約半碗（八安士碗）米糊或粥，內含一湯匙肉糊、一至兩湯匙菜糊及半茶匙油。

BLW

幾件手指食物，包含五穀類或根莖類食物、蛋白質類、蔬菜及油，例如：一湯匙飯所製成的兩個小飯波、半隻炒蛋、一兩條軟身蔬菜條或水果條。

寶寶寧願飲奶也不肯進食的原因很多，例如太累、太瞓、生病、陌生環境、不熟悉的照顧者等，這些情況間中發生實屬正常，家長千萬不要逼迫寶寶進食，可以用飲奶取代，下一餐再嘗試固體食物。

如果情況持續，就想想：是否上一餐吃得太飽？是否每餐之間太頻密？是否剛剛才吃過奶或小食，令寶寶根本不餓？可改善進食時間表去提升胃口。

如果寶寶抗拒固體的情況持續超過一、兩個月，最好從多角度了解，例如飲食作息時間表、餵食環境及工具、餵食技巧、食物準備、育兒方式等，最好由兒科營養師或有餵食治療經驗的言語治療師評估，找出背後原因並對症下藥。

家長的煩惱8

加固食物應該下調味料嗎？

寶寶在一歲前，有三種調味料不適宜：

- 食物不應下鹽，因為嬰兒的腎臟未發展成熟。
- 食物不應加糖，糖本身營養價值低，也會增加蛀牙風險。
- 切勿使用蜜糖，因為嬰兒腸胃未有能力殺死蜜糖的肉毒桿菌孢子（botulinum spores），會引起中毒情況（botulism）。

最好保持食物的天然味道，亦可在食物中添加天然香料，例如少量肉桂粉、洋葱、蒜頭、香草等，讓孩子及早接觸不同味道，長大後對各種味道的接受程度較高。

嬰幼兒攝取足夠脂肪非常重要：

- 脂肪是能量最高的營養素，令嬰幼兒在進食分量較少的情況下仍保持足夠能量。
- 脂肪能提供「必須脂肪酸」，包括奧米茄三脂肪酸，能促進智力及視力發展。
- 脂肪能增加脂溶性維他命（A、D、E、K）吸收。

低脂等於健康的概念，並不能應用在嬰幼兒身上，母乳或初生嬰兒配方，有一半能量來自脂肪，一瓶 5 安士母乳或初生嬰兒配方中，已含有一茶匙脂肪。0-6 個月脂肪攝取量佔總熱量 50%，隨着年紀愈大，脂肪佔熱量的比例會逐步減少，7-12 個月約佔 40-50%；1-2 歲約佔 30-40%；2-3 歲約佔 30-35%[9]；5 歲以上兒童的脂肪建議攝取比例跟成人相若，即熱量的 35%[6、10]。

加固食物缺乏脂肪，不能夠提供足夠能量！

營養小貼士

- 加固時，每餐可加入半茶匙至 1 茶匙油。
- 任何食油按煮食習慣及該油分的特性，可選擇煮食時加入或烹調後拌入。

近十年，食物敏感的研究數據越來越多，根據世界各地研究結果，建議嬰幼兒早於 6 個月開始可嘗試容易致敏的食物，如雞蛋、花生，如沒有敏感反應，應不斷重複進食，有助減低將來食物敏感的機會[4]。

請參考第二章節第三部分「偏食與餵養篇」，有關食物敏感的問與答，從而了解如何處理食物敏感、如何引進致敏食物、如何嘗試新食物，以及相關的餵食及偏食問題。

實用錦囊

加固致勝之道！

嬰兒加固是孩子成長的重要里程，家長應提供安全、合適的環境，讓小朋友逐步適應新的飲食方式。以下是十大嬰兒加固致勝之道：

- 抓緊合適的加固時機，根據嬰兒發展里程，觀察寶寶是否能夠控制頭部、開始坐好、能夠吞嚥食物而不吐出、對食物表現興趣等。
- 沒有最好的餵食方法，只有最適合自己家庭及寶寶的餵食方法，並確保食物質地合乎寶寶的年紀及發展。
- 逐步引進不同食物，均衡地包含穀物類、蔬菜、水果、蛋白質類及油分，讓寶寶嘗試愈多食物種類愈好，有助減低將來偏食的機會。
- 建立規律的進食時間表及進食環境，減少電視及玩具干擾，讓寶寶專注進食。
- 確保環境安全，寶寶的座位及餐具適合年齡。
- 建立愉快的進食氣氛，鼓勵自主進食，觀察寶寶對食物的反應，尊重孩子。
- 提供合乎年紀的分量，不強迫餵食，不為清碗而清碗。
- 容許孩子探索，不怕污糟，給予正面鼓勵。
- 鼓勵與家人共同用餐，讓孩子模仿進食動作。
- 不同的照顧者提供一致的餵食方式，並配合孩子需要。

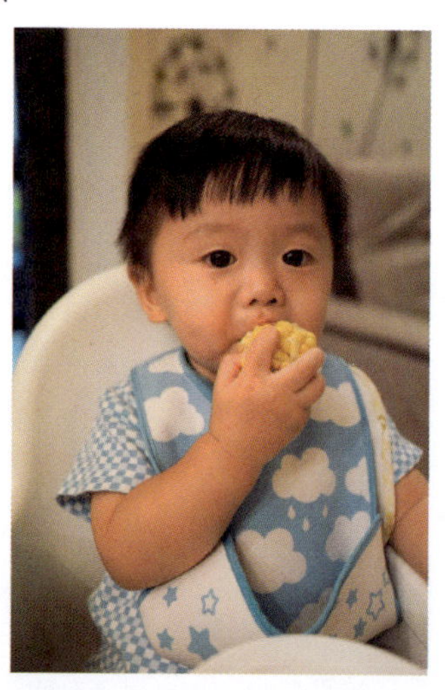

參考資料

1. MD Patel, SM Donovan, SY Lee. Considering Nature and Nurture in the Etiology and Prevention of Picky Eating: A Narrative Review. Nutrients 2020, 12(11), 3409
2. NHS, UK. Weaning guides. Available from: https://www.nhs.uk/start-for-life/baby/weaning/. Accessed February 2025
3. WHO Guideline for complementary feeding of infants and young children 6–23 months of age [Internet]. Geneva: World Health Organization; 2023. 1, Introduction and scope. Available from: https://www.ncbi.nlm.nih.gov/books/NBK596431/. Accessed February 2025
4. European Society for Paediatric Gastroenterology, Hepatology & Nutrition (ESPGHAN); European Academy of Paediatrics (EAP); European Society for Paediatric Research (ESPR); World Health Organization (WHO) guideline on the complementary feeding of infants and young children aged 6-23 months 2023: A multisociety response. J Pediatr Gastroenterol Nutr. 2024;79(1):181-188.
5. Wati PES, Dewi AANTN, et al. Effect of complementary feeding using the baby-led weaning method on development in toddlers: A narrative review. Kinesiology and Physiotherapy Comprehensive. 2024;3(1): 16-22.
6. Dietetics, Great Ormond Street Hospital for Children NHS Foundation Trust. Nutritional Requirements in Health and Disease, 8th edition. 2022.
7. 香港大學吞嚥研究所。(2019)。國際吞嚥障礙飲食標準 IDDSI。取自 https://swallow.edu.hku.hk/zh/ 國際吞嚥障礙飲食標準 iddsi/
8. Correia L, Sousa AR, Capitão C, Pedro AR. Complementary feeding approaches and risk of choking: A systematic review. J Pediatr Gastroenterol Nutr. 2024;79(5):934-942.
9. American Heart Association. Dietary Recommendations for Healthy Children. 2024. Available from: https://www.heart.org/en/healthy-living/healthy-eating/eat-smart/nutrition-basics/dietary-recommendations-for-healthy-children/. Accessed February 2025
10. Scientific Advisory Committee on Nutrition. Saturated fats and health. Public Health England, 2019.

家長常說：「小朋友吃得不好」，以下就讓專家從多角度給予分析。

孩子是否偏食？

每個人或多或少會有些不愛吃的食物，不只是孩子，即使成人也如此。那麼父母應如何判斷家中孩子是否偏食呢？

於第一章節提及，偏食並未有明確定義[1、2]。孩子是否偏食，視乎孩子不吃食物的數量多寡？該食物是否重要並很難以其他食物替代？是暫時性還是長期性？

輕微、暫時性偏食

如果孩子不吃的食物以 10 隻手指可計算，而且平均分散在五大類食物之中（五穀、蔬菜、水果、蛋白質類、奶類），每一大類食物中只有幾款不愛吃，例如蔬菜只不吃番茄、苦瓜及茄子，其他蔬菜都願意吃，這並不算嚴重偏食，不至於造成某些營養素嚴重缺乏，也不影響孩子成長及健康，父母毋須過分擔心，只要用輕鬆態度慢慢引導孩子接受食物就可以了。

孩子飲食習慣及口味會隨着時間不斷改變，孩子有時會出現暫時性偏食，在某段時間特別不想吃某些食物，但過幾天、幾個月、一兩年或是長大一點後，孩子又願意吃了。如偏食是暫時性，只要情況不嚴重，父母毋須太煩惱，只要每隔一段時間，轉換食物煮法、擺盤、進食環境等，讓孩子再嘗試。正如前文提及，研究指出孩子普遍要嘗試新食物最少 8 至 10 次才會開始接受[3]。每個孩子總會經歷接受新食物的過程。

嚴重偏食及餵食問題

如果孩子長時間拒絕很多食物，甚至某一大類食物，造成營養失衡及缺乏，影響健康，甚至親子關係，家長需額外準備食物或用特別的方法準備食物等，吻合文獻記載關於偏食或餵食障礙的情況，就屬於嚴重，家長必須謹慎並即時處理。

以蛋白質類為例，如孩子不愛牛肉，可以給他吃豬肉、雞肉，若這些都不愛吃，還可以給他魚、海鮮、蛋、豆腐等來補充；但這些通通不吃，那就算是嚴重偏食了。

曾經有些例子，五歲的孩子必須將肉類打成糊狀才肯吃，他不能與家人吃相同的飯餸，上街吃飯或旅行都非常困難。在門診中，家長常提及其他餵食問題，例如孩子每餐進食超過一小時、孩子沒有胃口、吃的分量很少、孩子含着食物不肯吞嚥等。

家長判斷孩子有否嚴重偏食及餵食問題時，主要觀察其行為有否影響孩子生長及健康、有否影響家庭關係、有否影響日常生活及社交。如果家長沒有把握，可交由醫護人員例如兒科醫生、兒科營養師、言語治療評估。家長或先運用兒童餵食行為問卷作初步評估（參考本章節的第一部分 p24），需要時諮詢醫護人員。

孩子為何有偏食及餵食問題？

文獻指出，偏食及餵食問題存在着很多不同的原因，先天因素、後天因素或者多個因素綜合而成[2、4、5]。每個孩子「吃得不好」背後的原因都不一樣，抽絲剝繭找出背後原因，對症下藥，從而改善孩子偏食的情況。

偏食及餵食問題的先天及後天因素[2、4、5]

先天因素	後天因素
孩子的感官敏感程度。	照顧者的管教模式。
孩子的身體功能：口腔、吞嚥、腸胃等。	照顧者的餵養觀念及習慣。
孩子對味道的喜好。	• 照顧者的知識、誤解及煮食技巧。 • 廣告 / 群組 / 網上資訊的影響力。
孩子的先天性格、喜好。	• 孩子的狀態。 • 孩子不愉快 / 不舒適的進食經歷，如哽魚骨。
孩子的先天疾病或身體情況，如早產、食物敏感、自閉症等。	不良的習慣引起的身體不適情況，如蛀牙、便秘等。

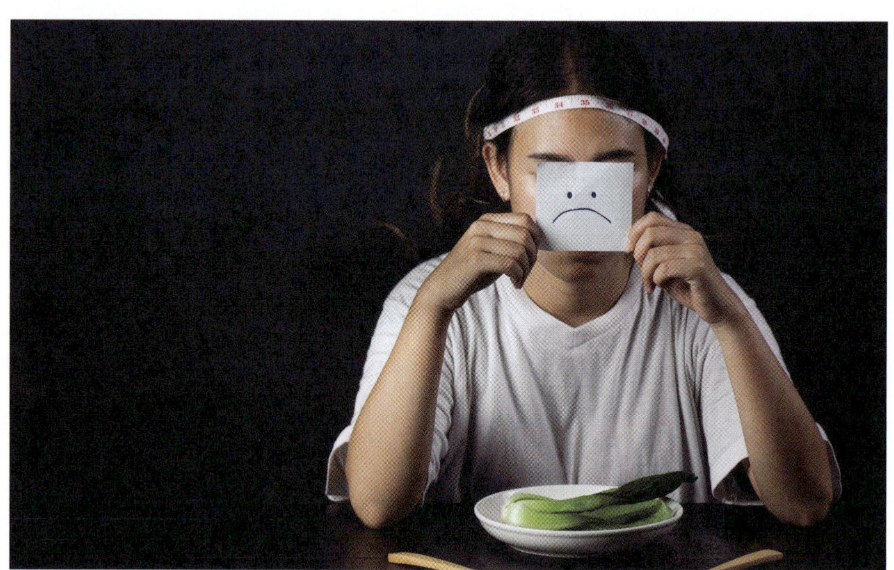

找出偏食的原因

如果孩子只是輕微或短期存在偏食的情況，家長可以自行運用以上的因素協助孩子分析，拆解偏食的原因。

舉例說，孩子吃兩口就不肯再吃，家長試想想原因：

- 會否有關孩子的狀態：孩子太累、陌生環境或不熟悉的照顧者等，這些應只影響一次半次的進食。
- 孩子是否出牙或生病？這只會最多影響數天。當然如果孩子持續身體不適，就要諮詢醫生。

如拒食情況經常發生，家長要再想想：

- 孩子是否根本不肚餓？例如關乎照顧者的餵養觀念及習慣，孩子上一餐吃得太多？每餐之間太密集？吃飯前剛吃了零食？
- 或者幼兒吃飯時間經常與小睡時間相撞，令孩子太想睡而扭計不吃？家長最好重新檢視作息及進食時間表。

如孩子不肯吃某類食物如紅蘿蔔，家長試想想孩子：

- 是否不喜歡紅蘿蔔的味道？
- 是否不喜歡紅蘿蔔的質地？
- 是否從來沒有吃紅蘿蔔，對食物不熟悉？

孩子不吃軟身的紅蘿蔔塊，家長可試試提供較爽的紅蘿蔔絲，如果孩子接受了，那就知道是質地問題而非味道問題。如嘗試不同質地後孩子仍不吃，那就可能是味道的問題，家長可以嘗試不同的烹調方式轉變食物味道，例如使用煲湯紅蘿蔔或將紅蘿蔔加入白汁內。又或是隔數天或數星期後再嘗試，讓孩子對紅蘿蔔變得熟悉。

如經過測試後，不是味道、質地及對食物熟悉程度的問題，家長就應想想孩子是否有不愉快的進食經歷，例如：生病時剛巧吃紅蘿蔔後嘔吐、把紅蘿蔔丟在地被罵（家長管教模式）、進食時沒有成就感（餐具不適合、大小不對）等。確保不要再出現相同的情景，透過轉換餐具、位置、煮法、食物配搭，或改換餵食者、換成孩子自己吃等，讓孩子淡忘不愉快的進食經歷後再嘗試。

面對輕微、暫時性的偏食孩子，家長可以運用類似的思考過程嘗試解決問題。如孩子有長期嚴重的偏食或餵食問題，背後有多個複雜的因素，就要以跨專業的醫療團隊模式[5]，抽絲剝繭地找出背後的原因，從而建議合適方案改善情況。

家長的煩惱

以下 35 條問題都圍繞上表列出「偏食及餵食問題的先天及後天因素」而作出討論。

偏食及餵食問題

面對不同的偏食孩子，家長如何處理？

以下個案僅供參考及討論，就算孩子的偏食情況與以下個案類近，但背後原因亦未必一樣，如有疑問或情況較複雜的，建議由醫護人員評估。

只吃甜食和零食、不愛正餐的孩子

真實個案：

四歲的芊芊只愛吃蛋糕、夾心餅、薯片，正餐卻無胃口，只吃很少飯餸。父母發現她在學校排隊站得越來越前，也沒有力氣做運動。

背後原因：

爸爸本身喜歡吃甜食和零食，所以芊芊很容易在家中接觸到這些食物。父母以為孩子只是吃少少零食，並不理解這些習慣對胃部細小的四歲幼兒來說，已足夠影響正餐胃口。而且媽媽習慣用零食當作芊芊的獎勵。

健康威脅：

蛋糕及夾心餅等甜食的熱量及脂肪高；薯片鈉質高，長遠會引致肥胖及健康問題。這些食物營養價值低，缺乏蛋白質及微量營養素包括鐵、鋅、鈣等，所以零食並不可取代正餐。即使在正餐前吃甜食和零食亦非恰當，因為孩子吃飽零食，就沒有胃口吃正餐，對正餐失去興趣。

兒科營養師建議，家長應該這樣做：

1. 以身作則，改變零食當正餐的觀念，減少購買這些甜食零食，盡量減少孩子接觸的機會。
2. 運用非食物的獎勵方法，例如用貼紙讚賞正面行為，儲到 20 個貼紙就可以和家人到海灘遊玩等。
3. 慢慢減少零食分量，以有營養的健康小食如水果、芝士、純牛奶、淡豆漿取代。
4. 建立進食時間表，固定時間吃正餐及小食，讓身體建立生理時鐘，教導孩子聆聽身體的肚餓及飽感訊號
5. 確保正餐開始前 2.5-3 小時內，不吃小食及喝飲料（由開始吃喝時間，到下次開始吃喝時間計算），保持足夠飢餓感進食正餐。

不吃蔬菜的孩子

真實個案：

三歲半的浩浩很抗拒吃蔬菜，綠色蔬菜不肯吃，只接受少量軟身及口味較甜的蔬菜。浩浩有便秘情況，大便時會疼痛得哭鬧起來。

背後原因：

小孩和大人一樣，對食物的口味存有喜惡。有部分小孩具感覺處理困難，對味道、質地、嗅覺特別高敏或低敏[6]，因而拒絕吃菜。不少綠色蔬菜本身帶有少許苦味，對大人來説可能吃不出來，但對有味道高敏的孩子來説，苦味就像被放大一百倍。另外，有些蔬菜質地較硬、聞上去有些草青味，對有質地高敏、嗅覺高敏的孩子亦較難接受。父母見浩浩對蔬菜抗拒，所以就沒有堅持着他繼續嘗試，家中烹調的蔬菜只有幾款。

健康威脅：

孩子不吃蔬菜，身體缺乏多種維他命及礦物質，令免疫力減低，容易生病；缺乏膳食纖維，影響腸胃健康，容易便秘。孩子一直不吃蔬菜，長大後肥胖、血壓高、膽固醇、癌症的風險也會增加。

兒科營養師及職業治療師建議，家長應該這樣做：

1. 改變食物的味道及質感，透過食材配搭及烹調方式，蓋過孩子不喜歡的蔬菜味道或氣味，改善蔬菜的口感，例如煮得較軟讓孩子容易入口、將蔬菜切細或壓成蓉隱藏在醬汁或食物裏（參考第三章節食譜部分）。

2. 引導孩子進食蔬菜時，先順應孩子的喜好。以浩浩為例，先吃帶有甜味的蔬菜如番薯、南瓜、粟米，再嘗試一種不喜歡的菜，即使孩子只吃少許，家長亦應大大鼓勵。
3. 研究顯示，不斷嘗試是改善偏食非常重要的[3、4]。不少現今家長寵愛孩子，餸菜都是順應孩子喜好而烹調。如家長因孩子不愛吃某些蔬菜，而從來不煮，孩子就永遠不能改變偏食的習慣，這種放任型（permissive）管教方式是助長偏食行為延續[4]。家長應不時烹調孩子不喜吃的蔬菜，配合不同的烹調技巧及擺盤方式等，鼓勵孩子嘗試。
4. 家中長期備有不同蔬菜，研究發現孩子在家中多接觸蔬菜，會更肯嘗試、更有可能吃多點蔬菜[4]。
5. 面對味道、嗅覺或觸覺敏感的孩子，可以接受職業治療師的感官餵食治療[7]，例如嘗試用蔬菜顏料做訓練。把蔬菜攪拌成汁，加入食物色素變成不同顏色的顏料，讓孩子當成普通顏料在畫紙繪畫或塗顏色。攪拌成汁的蔬菜，有着濃烈的蔬菜氣味，孩子在使用蔬菜顏料時，會為他們的嗅覺減低敏感度，幫助他們克服其中一項感官對蔬菜的惡性反應。家長也可同時用幾款不同的蔬菜，增加這項活動對孩子的嗅覺刺激。如果孩子的觸覺敏感度許可，家長可讓他們用手指畫畫取代畫筆，就能同時刺激孩子的觸覺系統。

「素食」孩子

真實個案：

四歲半的晴晴不肯吃肉，主要吃豆腐、腐竹，只吃少量雞蛋。肉類只肯吃 A5 和牛（因為肉質較軟），亦不肯飲奶，就像只吃素食的孩子一樣。初生時每餐用 1 小時飲奶，媽媽幾乎試遍所有品牌的奶樽，總覺得「不能配合嘴形」。加固食糊仔時，也餵得不容易，在強迫進食下總算完成了，但年歲愈大就愈不喜歡進食。

背後原因：

晴晴因為是早產兒，發展較同齡孩子緩慢，口腔肌肉觸覺敏感及整體協調較弱，咀嚼的食物堆在口腔兩邊沒有吞下去。強迫進食令她非常抗拒。

健康威脅：

雖然孩子能夠從豆腐、豆漿等素食攝取足夠蛋白質，但長期沒有肉類及魚類，會令身體缺乏鐵、鋅、碘及奧米加三脂肪等，影響認知發展及免疫力。缺乏維他命 B_{12} 亦常見於素食者，導致疲累、缺乏力量、沒胃口及出現貧血等徵狀。

言語治療師及兒科營養師建議，父母應該這樣做：

1. 訓練口腔肌肉，包括用舌頭在嘴唇上打圈，以提升舌頭靈活性——上、下、左、右移動；練習張開咀巴，以加強下顎穩定性以提升咀嚼能力。
2. 初時透過調整食物的質地，例如將肉類魚類切成細碎、將蛋打成蛋花、將牛奶或芝士隱藏在醬汁或食物中（參考第三章節食譜部分）。

3. 訓練期間，暫時補充素食孩子缺乏的營養素，並確保劑量合適，直至孩子開始接受肉類。
4. 理解孩子的狀況，不肯吃肉並不是孩子的錯。以正面鼓勵取代逼迫，減少孩子的心理壓力。按訓練進度及孩子的能力，逐步將肉類的質地由細碎而轉為肉絲或肉片，多讚賞孩子的努力。

只吃白飯白麵、不吃餸菜的孩子

真實個案：

兩歲半的悠悠只會吃飯和麵，但肉、魚及蔬菜的分量卻吃得很少。媽媽覺得她經常生病，每次待很久才能痊癒。

背後原因：

悠悠加固時間比較遲，稍晚才開始吃肉及菜，口腔肌肉及咀嚼能力較弱。即使悠悠現在已經兩歲半，餸菜仍與成人的餸菜分開煮，只有很少調味，大多是蒸或烚，菜式經常重複。

健康威脅：

營養攝取極之不均衡，缺乏肉類提供的蛋白質、鐵質、鋅；缺乏魚類提供的奧米加三脂肪酸及碘；缺乏蔬菜提供的維他命、礦物質及纖維。如長期未有改善，會令生長減慢、營養素缺乏、容易生病、肌肉軟弱、沒有力氣做運動等，影響健康及發展。

兒科營養師及言語治療師建議，父母應該這樣做：

1. 初期從食物質地入手，挑選質地較軟的食物，如豆腐、蒸蛋、瓜類等，適合悠悠口腔能力容易處理的食物。
2. 將肉類及蔬菜剁碎，隱藏在澱粉質類食物，將魚變身成魚麵；製作蔬果汁或奶昔等補充營養（參考第三章節食譜部分）
3. 同步訓練口腔肌肉及咀嚼能力（參考 p.70 改善建議），暫時服用合適劑量的營養補充劑，直至進食餸菜的分量及習慣開始穩定下來。
4. 添加調味料（孩子一歲以上已可），為菜式煮法增添變化，多用煎、炒方法，有助提升味道，更吸引孩子進食餸菜。
5. 孩子與父母同枱食飯，一起進食家庭餸菜，以父母為榜樣。

不愛喝水的孩子

真實個案：

一歲半的衡衡不肯飲用清水，只肯喝少量添加味道的水。父母繼續用奶樽餵配方奶，亦會讓他喝甜飲品如甜豆奶、乳酸飲品或果汁等。

背後原因：

衡衡稍晚才學習使用飲管杯喝水，未有自加固時期養成飲水的習慣。隨後，家長為了吸引孩子飲水，而培養衡衡嗜甜的不良習慣。

健康威脅：

身體需要足夠水分維持新陳代謝及排走代謝後的毒素，所以喝水不足會影響健康，亦會引起腸胃問題如便秘。如果天氣炎熱或發燒時身體缺水，更會影響身體器官運作。經常飲用偏甜飲品，更會增加蛀牙的風險。

兒科營養師及言語治療師建議，父母應該這樣做：

1. 根據成長發展里程，適齡孩子需要學習使用不同的餐具（例如飲管杯、開口杯）飲水。
2. 將水杯放在隨手可得的地方，讓孩子選擇自己喜歡的水樽，時常提點孩子要飲水，每天少分量地多次喝水。
3. 如飲食並無大問題，一歲大的孩子可以由喝配方奶轉為純牛奶，並由奶樽轉而用杯，減低蛀牙的風險。
4. 逐步改變口味，減少倚賴甜味飲品，可以為清水加點味道，例如加一片檸檬、橙或青檸等，或煮不加糖的淡蘋果雪梨水、檸檬薏米水等。
5. 從食物中攝取水分，例如清湯、純牛奶、純乳酪、自製水果奶昔、啫喱或燉蛋等。

孩子需要飲用多少水？

10 公斤以上的兒童可以運用 Hollidays-Segar 公式計算全日流質需求[8]：

11-20 公斤　　：首 10 公斤 100ml/kg，之後 10 公斤 50ml/kg。

20 公斤及以上：首 10 公斤 100ml/kg，之後 10 公斤 50ml/kg，之後體重 20ml/kg。

例子 如果孩子的體重是 22 公斤，首 10 公斤 100ml/kg = 1,000ml，之後 10 公斤 50ml/kg = 500ml，之後 2 公斤 20ml/kg = 40ml，總共 1,540ml。

所有流質食品包括清水、湯水、飲品、含水分量高的食物都計算在內。

孩子每餐都要吃一模一樣的食物

真實個案：

六歲的橋橋，每餐的食物必須一模一樣才肯進食，午餐時他不能跟同學吃同樣的飯餸；晚餐時媽媽必須為他額外準備。他對大部分新食物甚至熟悉的食物都非常抗拒，願意吃的食物就只有十多種。

背後原因：

橋橋經評估為自閉症傾向及感覺處理失調 / 障礙，自閉症傾向的兒童對於環境變化相當敏感及固執，令他們對食物的選擇相當局限。感覺處理失調 / 障礙常見於自閉症傾向的孩子（約九成）[9、10]，令橋橋對食物的質地、味道、顏色、氣味相當敏感，對於新食物或已熟悉卻有變化的食物不容易接受。吃同樣的食物對橋橋來說提供安全感和控制感，以抗衡對日常生活中的不確定性。

健康威脅：

食物種類極狹窄，令多種微量營養素嚴重缺乏，對健康有重大影響。臨床上，有孩子長期只吃六種食物的個案，因維他命 A 嚴重缺乏而導致永久雙目失明，家長必須正視這類嚴重偏食問題。另外，進食問題令孩子無法參與日常社交活動，如生日會、學校午餐等，難以融入群體，導致孤立感。

兒科營養師、言語治療師及職業治療師建議，父母應該這樣做：

1. 基於對健康的嚴重影響及治療的複雜性，建議尋求營養師、言語治療師、職業治療師的協助，以團隊方式，為孩子及家庭提供可行的治療方案[5、10]
    - 配合營養師：嘗試不同食譜及提升營養的建議。
    - 配合言語治療師：為孩子增加口腔運動能力。
    - 配合職業治療師：讓孩子參與有系統的感覺脫敏訓練，透過桌面遊戲及肢體運動慢慢脫敏，增加對新事物的接受程度。
2. 與治療師合作，把訓練計劃融入家中，制定每週的飲食計劃及記錄監察進度。
3. 保持耐心與理解，給予鼓勵及情感支持。
4. 與學校溝通和合作，讓老師明白孩子和家人的努力，減少不必要的壓力，尋求彈性協助。

孩子經常含着食物咀嚼很久，不肯吞，很久才吃下一口，可以怎樣改善？

孩子長時間咀嚼、不肯吞嚥的原因眾多，例如下顎穩定性不足、舌頭靈活性差、咀嚼與吞嚥協調困難或口腔肌肉力量不足等。

除了口腔肌肉之外，感官敏感（Sensory Processing Issues）也是原因之一，孩子對進食不同食物的質地、溫度及味道的感覺過敏，令他們咀嚼食物時覺得不適，抗拒吞下食物。

行為或心理因素也有一定關係，用餐感到壓力，例如經常被催促或被過分關注，令孩子想拖延或逃避進食。有些孩子對於進食新食物感到恐懼，需要較長時間適應，可能因而有不肯吞嚥的行為。另外，身體不適如胃食道逆流、吞嚥疼痛（例如咽喉炎）會令孩子因不適而含着食物不肯吞下肚。

改善方法包括：

1. 言語治療師角度：加強肌肉力量及協調。教授吞嚥提示技巧，例如給予口頭提示：「咬咬咬跟住吞」；或觸覺提示：輕輕捉摸下巴或頸部，提示吞嚥動作。
2. 職業治療師角度：透過感覺脫敏訓練及口部按摩，改善對不同感官的接受程度。透過本體覺訓練，改善口部肌肉協調。
3. 餵食治療角度：借助願意吞食的食物，嘗試改變不肯吞嚥食物的質地，改變食物形態，給小朋友逐步嘗試，例如將薯仔變成薯條（參考第三章節食譜部分）。
4. 建立正向用餐環境，減少壓力、專注吃飯、進餐時間不能太長等，詳情可參考「餵食與家庭關係」篇章 p.95。

以上討論的背後因素，需要跨專業評估，找出問題根源，對症下藥，協助孩子建立合適的進食習慣。

家長的煩惱 3

怎樣提升孩子對新食物的興趣？

孩子通常接受自己熟悉的食物。研究指出，讓孩子熟悉新食物，孩子更易接受它[2、4]。

感官探索[11]：

讓小朋友從不同方式認識新食物，包括觸摸抓握，即使不願意吃，也可以摸一下聞一下，從而認識食物的特色及味道。從視覺了解食物的樣子及顏色；以聽覺描述食物的聲音，例如吃香脆食物時脆卜卜聲，能夠增加孩子對食物的好奇心。

逐步引入新食物：

每次只提供少量新食物，以免減少對孩子的壓力及挑戰，重複嘗試是重要的。通常接觸超過 8 至 10 次[3]，孩子才會接受新食物，所以不要一次半次被拒絕而放棄。另外，可嘗試就小朋友喜歡及熟悉的食物互相配搭，增加接受程度。

烹調方法及擺盤：

運用創意，每次以不同方法呈現新食物，不同味道、質地、進食方法，從中找到孩子接受的方式。

提升小朋友對新食物的興趣需要耐性和創意，沒有絕對可行的方法，每個小朋友的興趣和性格都不同，但透過感官體驗遊戲及正面引導是萬變不離其宗的大道理！

家長的煩惱 4

孩子食量不定，有問題嗎？ 需要控制定時定量嗎？

孩子食量不定是常見現象，關乎孩子的成長階段、活動量、情緒狀態和生理需求。

然而，照顧者的餵養觀念和習慣，認為孩子不能自我調節飢餓感[2]，因而必須孩子吃畢碗內的食物，致餐桌上與孩子對立，對孩子的飲食行為和心理健康產生負面影響。

定時進食是良好的生活習慣，例如每天有固定的三餐和兩次小食，之間相隔 2.5-3 小時，減少其他任何時間吃零食。而定量進食，是指按孩子飢餓感和飽足感來靈活調整分量[11]，而非強迫孩子每餐進食一定分量的食物。

不同年紀的孩子有不同的營養需要，大原則是進食分量合乎年紀，並於合理時間內完成，為之合理分量。家長切記不能給予過多分量，也不要「為清碗而清碗」。

家長的煩惱 5

飲用偏食奶粉有作用？真的會增高嗎？

有兒童營養奶品廣告，以改善偏食作為賣點，並引用數據指出偏食孩子飲用營養奶後，營養攝取改善，高度亦改善。營養奶的熱量普遍高（營養奶每 100 毫升含 100 卡路里；純牛奶每 100 毫升含 60-70 卡路里），也含有蛋白質、各種維他命和礦物質等營養素。

如果孩子只是輕微偏食，生長並無問題，孩子毋須飲用這些高熱量的營養奶，畢竟營養奶無助解決偏食問題。家長應找出偏食背後原因，引導孩子不斷接觸及嘗試食物。事實上，這些營養奶因為熱量高、口味較甜，有些孩子喝後覺得飽足，反而影響正餐胃口。

如果孩子有嚴重的偏食及餵食問題，經兒科營養師評估後發現熱量及蛋白質攝取不足，可能建議飲用合適分量的營養奶，改善營養攝取及生長。同樣道理，飲用營養奶只屬於短暫解決方法，醫護人員通常需要找出背後原因，透過治療及訓練，逐步改善孩子偏食的情況，減少對營養奶的倚賴。

小朋友吃得慢，每餐飯應該吃多久才合理？

對於一般健康兒童，建議每餐進食時間控制在 15 至 30 分鐘之內[11]。對於一至三歲的幼兒，理想進食時間是 15 至 20 分鐘；三至六歲小孩，理想進食時間為 20 至 30 分鐘。過長的進食時間令孩子對進食失去興趣，開始分心，變得不願進食。

常見進食緩慢的原因包括：口腔運動能力不足、專注力不足、食物質地不適合、家長沒有實行用餐規矩（例如必須坐着進食、沒有干擾例如電視或平板電腦）、孩子不肚餓（如飯前吃太多零食）。

要改善進食速度需針對背後的原因，建立口腔運動能力，建立專注的進餐環境、提供合適的食物質地、訂立用餐規矩、訂立有規律的進食時間表等。

二十二個月幼兒坐在餐椅、在沒有干擾下（電視、平板電腦、玩具），專心自行進食通粉。

小朋友之前喜歡吃一種食物，現在不再喜歡吃，怎辦？

孩子之前喜歡某種食物，現在不再喜歡，這是一個常見現象。孩子的味道觀感隨着年齡而變化[4]，建立自己的飲食喜好。即使相反的情況亦然，以前不喜歡的食物，現在變得喜歡吃。畢竟，極少人喜歡進食所有食物，只要不嚴重偏食至影響健康就可以。家長可以向孩子解釋：「即使不喜歡的食物，也要試試呀！」最重要是家長與孩子溝通，尊重孩子的喜好及選擇，設定界線並引導及鼓勵孩子，有助建立孩子與食物的健康關係，減少負面情緒。

孩子吃多少蔬菜才足夠？瓜類可充當蔬菜嗎？吃水果可以代替蔬菜嗎？

家長普遍覺得蔬菜是指綠葉蔬菜，其實蔬菜種類很多，紅橙黃色的番茄、燈籠椒；橙色的南瓜、紅蘿蔔；黃色的粟米；紫色的茄子；黑白啡色的菇類，各種瓜類如冬瓜、節瓜、勝瓜、合掌瓜、翠玉瓜，還有根莖類的如薯仔、番薯、芋頭、蓮藕等等，通通都屬於蔬菜！

只要孩子肯吃又很嘗試，開始時就算只吃幾口，已是值得鼓勵。首先建立習慣，再慢慢控制分量。普遍來說，加固寶寶每餐吃 1-2 湯匙[12]、健康幼兒每餐 1/4-1/3 碗、較大兒童每餐 1/3 碗[13]，已經能「收貨」，實際上按孩子本身正餐及小食的食量而定，不能一概作準。

家長可選蔬菜做小食，例如栗子、番薯、牛油粟米、蔬菜條蘸乳酪或芝士醬，補充全日進食蔬菜的分量。蔬菜及水果雖然近似，但其實營養成分有些微分別，故水果不能完全取代蔬菜。

小朋友喜歡食物有味道，應該加入調味料嗎？

有研究顯示，即使嬰兒在媽媽肚內甚或初生頭幾日，已對味道顯示喜好[4、14]。初生嬰兒天生喜好甜味及鮮味（umami），不喜歡苦味及酸味[14、15]，這是人類進化保護身體的機制。較大嬰兒開始顯示對鹹味的喜好[15]。

一歲以後，腎臟發展較成熟，家長烹調幼兒食物時可加添少量鹽及含鹽的調味料如豉油，配搭其他天然調味料如洋葱、蒜、香草等，令味道層次更豐富。孩子可以吃「大人餸」，有助建立一家人吃飯的好習慣。

很多家長怕影響孩子健康，煮食時一直不加添油及調味料，只是蒸或烚食物，直至孩子兩、三歲。其實這並沒有必要，反而有以下的壞影響：

- 食物缺乏味道，孩子沒有動力吃飯。用油煎或炒的過程，有助食物焦糖化（caramelisation），令食物更美味。
- 缺乏脂肪會影響孩子的成長，由加固開始直至幼兒階段，孩子都需要足夠脂肪。可參考加固篇的第八條問題（p.55），了解脂肪對幼兒成長的重要性。

簡單來說，家長在幼兒食物中添加適量食用油及調味料，是絕對可以的。

不妨嘗試選擇含有天然鮮味（umami）的食物，例如番茄、紫菜、芝士、菇類。

我想孩子健康成長，嘗試不同的超級食物，很多人說藜麥好、燕麥好，但孩子試後不喜歡，可以怎做？

想孩子嘗試新食物，首先父母自己要先嘗試。如果連父母自己都不吃，卻要孩子吃，就欠缺說服力了！

藜麥及燕麥是營養價值高的全穀類，含豐富膳食纖維，藜麥更含所有必需氨基酸（essential amino acid），尤其適合素食者。煮飯時可混入少量藜麥，亦可把燕麥加入自家製蛋糕、班戟或肉餅等（參考第三章節食譜），為孩子的飲食慢慢引進這些健康食物。

父母需留意，網上資訊未必可盡信，即使很多人說好的食物或飲食方式，家長需要考慮是否適合孩子。家長應教導孩子，世界上沒有絕對的「好食物」或「壞食物」，最重要是均衡飲食及建立良好的進食習慣，這想法有助孩子與食物建立良好關係[16]。

長輩覺得稀粥容易吃又有營養，孩子兩、三歲一直吃粥，可以嗎？

這問題與上述「加固篇」第六條問題「孩子一直吃粥仔沒有問題？」很相似。很多長輩誤解稀粥很有營養。實際上稀粥水分多，營養比其他固體食物低，孩子亦缺乏鍛鍊咀嚼的機會。如果孩子兩、三歲仍吃粥，很難吸收足夠熱量及營養維持生長（除非吃很多！）而且長遠來說會影響口部肌肉發展。詳細解釋可以參考加固篇第六條的問題（p.53）。

怎樣改變長輩的觀念？坦誠溝通很重要，家長首先稱讚長輩照顧孩子的努力，解釋孩子不應再吃稀粥的原因，並提供實際建議及協助，例如提議煮甚麼食物代替稀粥，協助長輩購買食材等等。如長輩仍不願改變，可以在孩子下次見醫生或營養師時，邀請長輩一起前往，讓長輩更了解孩子的情況。

孩子不肯咀嚼，我們需要剪碎食物，甚至用攪拌機攪爛，孩子才肯吃，這樣正常嗎？

孩子不肯咀嚼，需父母剪碎或攪爛食物，是一個常見但需要關注的情況。這可能與口腔運動發展、感官敏感、父母餵養習慣有關。

從口肌角度而言，小朋友咀嚼能力不足或口肌協調能力未完全發展，會導致不願意咀嚼食物，常見的表現是只願意吃泥狀或軟脍的食物，拒絕需要咀嚼的食物如豬扒。感官敏感的角度，小朋友對於某種食物的質地、溫度或味道都過於敏感，所以抗拒進食[6、7]，例如對特定食物質地如粗糙的西蘭花表現抗拒。由孩子加固開始，如父母長期讓孩子進食軟脍食物，會令孩子不肯咀嚼，因為進食軟脍的食物不需要咀嚼且容易吃，當新食物新質地出現時，孩子會表現抗拒。

孩子進食的食物質地，必須按年紀而有所轉變，詳情可參考「從發展到加固篇」。由軟身到硬身，再發展至混合質地，健康孩子應該應付自如。

改善的方法包括：

- 逐步引入新質地的食物，讓孩子慢慢嘗試。
- 言語治療師提供咀嚼鍛鍊：加強口腔運動練習，例如吹泡泡、咬蔬菜條、水果條等鼓勵口腔咬合。
- 職業治療師提供感統治療：如孩子有感官過敏，諮詢職業治療師進行感統治療[7]，透過各種桌面練習、口部按摩「減敏」，讓孩子觸摸及探索不同食物的質地，增加觸覺體驗。

孩子喜歡用湯或醬汁拌飯吃，這樣是否毫無營養？

這可能有幾個原因：

i. 孩子可能性格較心急，想趕快完成後玩耍；
ii. 湯或汁較有味道，孩子覺得食物好味；
iii. 孩子從小習慣狼吞虎嚥，懶得咀嚼食物。

湯或醬汁拌飯吃未必無營養。自家製的湯飯、肉醬、粟米肉粒、白汁雞皇等（見第三章節的食譜）隱藏了肉、菜或牛奶等，營養價值很高，自家炮製可減少下鹽調味，故無論營養價值及鹽分都比餐廳提供的優勝。

每個孩子的口味不同，有適量湯或醬汁拌飯，有些孩子會吃得更多甚至添飯！最重要是教導孩子咀嚼好每一口，不要狼吞虎嚥，否則加重腸胃的負擔。

孩子曾經鯁魚骨後，就不肯吃魚了。孩子長期不吃魚，可以嗎？

魚類尤其是深海魚，提供豐富奧米加三脂肪酸，對視力及智力發展很重要，缺乏奧米加三也影響皮膚健康。魚含豐富碘質，缺乏碘影響智力及引起其他健康問題。

家長千萬不要因為孩子拒絕而不再嘗試，幫助孩子克服不愉快的經歷，可以嘗試無骨魚柳或罐頭魚，並運用不同烹調方法如煎魚、魚手指、魚麵、吞拿魚薯波、沙甸魚多士（參考第三章節的食譜），讓孩子再嘗試，希望透過多次愉快的進食體驗，淡忘之前不愉快經歷。

如孩子暫時不吃魚，可從含豐富奧米加三脂肪的果仁，例如合桃（但要留意哽塞風險）、魚油或合桃油補充，最好由兒科營養師建議合乎年齡的劑量；家長可讓孩子進食其他海產補充碘質。

父母常做哪些無心行為，反而助長孩子偏食？

不得不承認，父母的確有些無心行為間接助長孩子偏食，例如：「以為孩子一兩次不吃某食物，以後就不會吃，認定孩子偏食」、「為了讓孩子吃多兩口飯，盡量滿足孩子」。以下還有其他行為，父母必須留意。

- **「孩子的身高、體重不及其他孩子，要多吃一點。」**

父母誤以為孩子要達到同齡孩子的平均身高及體重，才是正常，因而將小孩作比較。其實只要孩子沿着自己的生長線健康成長，都屬於發展正常。按孩子的年齡、性別、活動量及身形等，身體能量需求稍有不同，根本沒有比較的空間。父母這種想法間接強迫孩子進食過多，使食慾變相下降，增加進餐壓力，反而令孩子討厭吃飯。

- **「怕孩子營養不均衡，為孩子挑選食物，盯着孩子完成。」**

父母過度干預孩子食物的種類及選擇，阻礙孩子發展的需要——學習自主及自立，孩子會變得倚賴家長，減少進食的動力，需要人餵食，甚至不喜歡吃飯。父母需要尊重孩子的選擇，了解可以從不同食物中攝取相同的營養素，鼓勵孩子嘗試，即使只吃少少都是好開始。

- **「孩子正餐吃得少，待孩子肚餓飲用配方奶！」**

倚賴配方奶減少孩子吃正餐的胃口及慾望。事實上，一歲以上的健康兒童，營養上已經沒需要飲用配方奶。正確觀念是——孩子一天三餐的食量有時不穩定是正常的，生理上孩子會自我調節，所以不要因為一餐吃不好而補配方奶，這只會影響下一餐的胃口，造成惡性循環。

- **「覺得孩子吃飯時，一定要看電視或手機。」**

讓孩子「分心」，表面上看來可以容易多吃幾口，或吃下一些平日不吃的食物，但其實孩子仍然是被動地吃，沒有教導孩子主動進食，偏食及餵食問題並沒有解決。家長應該為小朋友建立正確的餐桌禮儀，例如吃飯時要專心。

- **「孩子都不愛吃，那我就要先把孩子餵飽，我才能吃。」**

分開吃飯令孩子失去模仿學習的機會，孩子不能學習父母，亦失去家庭共餐的樂趣。其實由孩子一歲開始，可以與家人同桌吃飯，慢慢學習吃較多變化的大人餸菜，模仿大人的飲食習慣，有助減少偏食。

- **「小朋友在學校吃飯總是乖乖的，回家後卻經常對抗。」**

孩子的行為在不同環境可以有很大差異，畢竟在學校，老師在孩子眼中是權威，而且同學之間互相學習模仿。而在家中，孩子有時為了吸引家長注意，而作出截然不同的行為。建立良好的親子關係能減少孩子不恰當的方法吸引注意。建議父母與孩子一起吃飯時，建立愉快的用餐氣氛，減少太多限制（如要孩子吃得快、全部吃完、吃得乾淨等），多鼓勵及誇獎孩子的良好進餐行為。

與餵食問題有關的醫學情況

在醫學上，嚴重食物敏感有甚麼症狀？有哪些症狀必須立即求醫？

食物敏感是進食特定食物後，身體免疫系統所發出的反應，症狀通常進食後數分鐘至兩小時內發生。基於不同食物敏感機制，有些過敏症狀會延遲數小時後才發生。

輕微食物敏感的患者，症狀會引起身體不適，但不算嚴重，例如：

- 嘴巴附近痕癢。
- 皮膚紅腫、出疹或痕癢。
- 嘴部、面部、舌頭、喉嚨或其他身體部位腫脹。
- 肚痛、肚痾、反胃或嘔吐。
- 喘氣、鼻塞或呼吸困難。
- 暈眩。

症狀大多會自行消退，或使用抗敏感藥物能有效舒緩症狀。

在少部分病人，遇上食物敏感可引發極嚴重及危害生命的全身性過敏反應，臨床上稱為「嚴重過敏反應 anaphylaxis」，症狀包括：

- 組織腫脹令呼吸道堵塞，不能呼吸。
- 血壓急速下跌。
- 脈搏微弱或加快。
- 暈眩、失去知覺。

如有以上嚴重的症狀，必須立即前往急症室求醫。已知嚴重食物敏感的患者，醫生可能早已處方腎上腺素（EpiPen/ Epinephrine），即時使用以改善以上嚴重症狀，並立即送院求醫。

是否每種新食物都嘗試三次？確保無食物敏感才可嘗試另一種食物？

「每種食物嘗試三次」是一個過時的營養建議，並無實質研究數據支持。這樣反而拖慢孩子嘗試新食物的進度，令食物種類減低，影響營養攝取，亦間接增加偏食機會。

一般食物的致敏風險低，如孩子嘗試一次後並無出現敏感反應，可以一直進食，毋須再試。研究顯示，孩子加固開始，及早接觸多種類食物，可減低將來偏食的機會。

即使對於容易致敏的食物，建議父母在嬰兒 6 六個月大加固時嘗試。每次嘗試一種食物，每次極少分量，並留意身體反應[17、18]。容易致敏的食物主要有八大類：

1	牛奶（煮食時加入少量，或混入其他食物）	2	雞蛋
3	含有麩質的食物，包括小麥、大麥	4	果仁、花生（先磨碎）
5	種子（先磨碎）	6	黃豆
7	魚	8	貝殼類

* 孩子一歲前，煮食時加入少量牛奶或混入其他食物，並不建議飲用牛奶；待孩子一歲後，可以飲用牛奶。
* 果仁、花生及種子對嬰幼兒有哽塞風險，建議先磨碎才進食。

如孩子嘗試這類容易致敏的食物後，並無敏感反應，可以定期進食，讓身體建立耐受程度，減低將來食物敏感的機會[17、18]。

如孩子嘗試這類容易致敏的食物後，出現過敏反應，建議諮詢醫生。如孩子本身已確診食物敏感，或有家族敏感歷史，嘗試新食物時建議諮詢醫生及營養師的意見。

家長的煩惱 18

孩子一歲後，才可以試吃蛋白及花生嗎？

近十年來，食物敏感的研究數據越來越多，其中最具代表性的研究是於 2015 年發表的 LEAP（Learning Early About Peanut Allergy）[19] 及 2016 年發表的 EAT（Enquiring About Tolerance）[20] 研究。數據指出，早於嬰兒一歲前，甚至早至 4-6 個月大開始，於飲食中加入花生及雞蛋，有助減低將來食物敏感的機會。

LEAP 的研究對象是本身有食物敏感的高危嬰兒（例如本身有濕疹者）。研究數據發現，比起遲吃花生的幼兒，早吃花生及定期進食花生的嬰幼兒，五歲前有花生食物敏感風險大減超過 80%。

根據研究結果，各大醫學組織建議嬰幼兒早至 6 個月開始，可嘗試進食雞蛋及花生，如沒有敏感反應，應不斷重複進食，有助減低將來食物敏感的機會 [18、21]。

家長的煩惱 19

老一輩常說：「蝦蟹很毒，孩子愈遲吃愈好？」

雖然蝦蟹屬貝殼類海產，是容易致敏的食物，但與任何食物一樣，嬰兒 6 個月大開始可以每次試吃一款，每次嘗試極少分量，並留意身體反應就可以了。如沒有出現敏感反應，孩子可定期進食海產，根據研究這有助減少將來敏感的機會。相反，愈遲開始進食，食物敏感的機會則愈高。另外，從預防偏食的角度來說，及早讓孩子嘗試食物，並隨後經常進食，可讓孩子提早熟悉食物的質感，提高將來接受食物的程度。

家長的煩惱 20

如何引導食物敏感的孩子嘗試新食物？

有些父母懷疑孩子有食物敏感，但從未諮詢醫學意見就自行替孩子戒掉很多食物，這會嚴重影響營養攝取，亦間接令孩子害怕嘗試新食物而引致偏食。正確方法是尋求醫學意見，透過臨床評估及測試確診是否食物敏感。

如確診有食物敏感的幼兒，選擇食物時必須遵從醫生及營養師的指示；嚴重食物敏感者需嚴謹戒口。有些食物敏感會隨着孩子長大而逐漸好轉甚至康復，按臨床情況，輕微食物敏感個案，醫護團隊可能會讓孩子定期嘗試極少量致敏食物（rechallenge），測試身體對該食物的反應，並在臨床監察下使用致敏食物階梯（food allergen ladder），令孩子身體逐漸接受致敏食物。

不少研究指出，有食物敏感的孩子較容易有偏食及餵食問題[22]，這可能與敏感引起的不適有關，亦可能與家長處理方法有關。無論是嘗試新食物，還是嘗試致敏食物，家長可引導有食物敏感的孩子，面對身體有可能出現的反應，讓孩子有心理準備。積極正面地處理食物敏感，減少食物敏感對孩子心理及生理的影響。

我的孩子早產，曾經使用胃喉，發現孩子吃奶及加固似乎特別困難，其他早產兒也是這樣嗎？

早產兒（出生時懷孕週數少於 37 週）容易出現餵食困難[23]，原因是：

- 口腔肌肉和神經系統未完全成熟，影響吸啜、咀嚼和吞咽能力。
- 吞咽協調未發展成熟，早產兒的吞咽反射和呼吸協調較弱，增加食物哽塞及吞咽困難的風險。
- 早產兒對口腔接觸過於敏感，比較抗拒進食。
- 早產兒容易出現胃酸反流，會引起進食時不適。

不少早產兒初生時，都曾經使用胃喉進食，使用一條餵食喉管通過口腔或鼻腔，將奶直接輸送到胃部，解決暫時無法經口腔進食的問題。曾經使用胃喉進食，或會令嬰兒的口腔運動經驗不足，缺乏吸啜、咀嚼和吞嚥練習的機會。而且胃喉的放置增加了口腔刺激，這些不適感會令早產兒的口腔更加抗拒被接觸，間接造成負面的進食經驗。臨床上，嬰兒愈早產、或使用胃喉時間愈長，餵食問題會愈嚴重[23]，通常需要跨專業人士處理。

言語治療師或職業治療師，可以協助早產兒處理餵食困難，治療包括：口腔運動訓練如吸啜練習、咀嚼練習、吞咽協調訓練，提升早產兒使用口腔進食的能力[24]。透過口腔按摩及漸進式嘗試，都是感官脱敏常見的方法。兒科營養師可以透過調整母乳或配方奶濃度，幫助吃奶量少的嬰兒增重，亦可建議如何為加固食物增加營養。

每個孩子成長經歷都不一樣，家長應該針對自己孩子的情況，向醫護人員尋求協助。

言語治療師媽媽的自身經歷

回想細仔 34 週出生時，雖然幸運地體重達 5 磅，但也經歷了初期的吸啜、吞咽、呼吸協調困難等等。因此他被安排使用胃喉進食，大概維持約 2-3 星期。腦海至今仍然記得那一刻，拿着奶管等待奶水流過喉管的畫面；也記得當小朋友用小嘴吃奶時，血氧指數下降的畫面；也記得當時回家的第一個星期，即使小朋友已經可以開始用小嘴吃奶，仍不忘檢查吃奶時的血含氧量是否足以維持。那份緊張及擔心的感覺依然深刻，感恩細仔在加固及餵食發展算是順利，現在快要 4 歲的他，算是一個愛吃的小朋友。

作為二寶媽媽，就算有照顧大兒子的經驗，但當面對弟弟早產、用胃喉進食、當時醫生又説有輕微心漏（也是早產嬰常見的），及出生後住院一個多月，實在令言語治療師媽媽手足無措。因此，言語治療師媽媽很明白嬰兒初出生時，小朋友能夠「食得到」，的確是所有媽媽基本的願望。

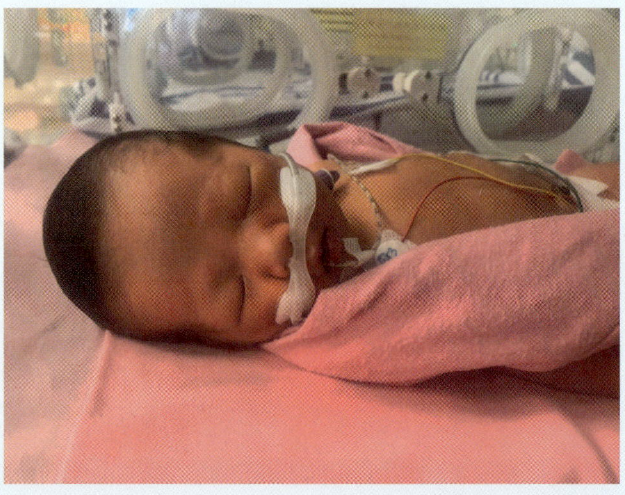

二寶出生時需要使用胃喉餵奶。

（家長的煩惱 22-28, 資料由小兒外科醫生王珮瑤醫生提供）

為何孩子常常不願進食，是否其消化系統的結構不同所致？

消化系統包括口腔、食道、胃、腸、肝、膽及胰臟，嬰幼兒的胃容量有限，腸道較長，因此較易有飽腹感。食物進入口腔後，會到達咽部和食道，咽門有兩個道口，一個通往氣道，一個通往食道，由於嬰幼兒吞咽的協調動作欠佳，所以應將嬰兒抱起餵奶，避免食物進入氣管。

嬰兒胃部的消化酶以消化蛋白質為主，腸液加上胰臟及肝臟分泌是消化食物的主要成分，由於各器官發育尚未成熟，他們對某些食物的消化和吸收能力也較弱，兒童消化系統結構與成人有差異，確有機會影響其進食狀態，父母可以通過創造良好的飲食環境，提供多樣化的食物選擇，多留意孩子的心理變化，均有助改善孩子的進食狀況。

有試過進食時，孩子會喊口腔痛，應如何檢查孩子口腔情況？

孩子不懂表達，難以精準描述哪個位置感到痛楚，若察覺孩子因口腔不適而拒絕進食，家長可循以下方法作初步檢查。

檢查前準備：

找個光線充足地方，讓孩子放鬆地躺下，準備一面小鏡子和手電筒，以便更清晰地觀察口腔內部狀況。

檢查牙齒：

牙齒的表面有否蛀牙、裂縫或變色。

檢查牙齦：

正常牙齦應是粉紅色，查看有否紅腫、疼痛、膿腫或出血等。

檢查舌頭和口腔內部：

檢查舌頭的顏色、形狀、有否白色或紅色點，口腔內側黏膜有否潰瘍跡象。若持續有口臭，除了口腔衛生不足，也可能是其他健康問題的徵兆。

家長的煩惱 24

有哪些常見的口腔問題導致小朋友不願進食？應如何處理？

食物進入身體，首先接觸的是口腔，很多時除了腸胃不適，也可能因為口腔問題而影響小朋友進食情況，常見包括以下五個原因：

i. 出牙

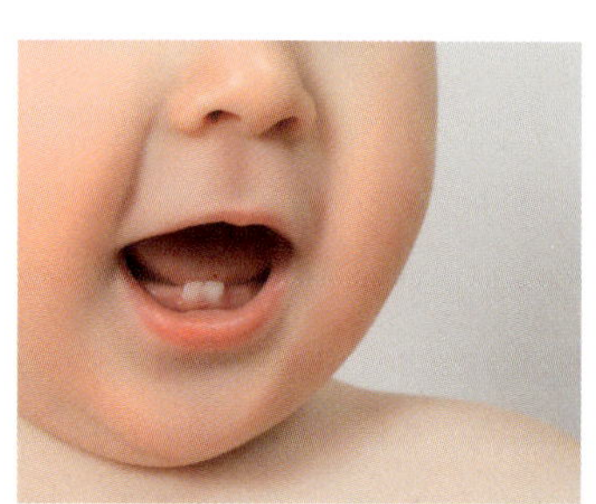

一般嬰幼兒在 6 個月左右開始出牙，這段期間牙齦會感到酸痛，咀嚼時不適感更加強烈，而且較難入睡，因此變得容易哭鬧、情緒不穩、食慾降低，家長可用乾淨手指輕輕按摩寶寶的牙齦，或給寶寶咬牙膠而按摩牙肉，能紓緩牙床不適。

II. 蛀牙

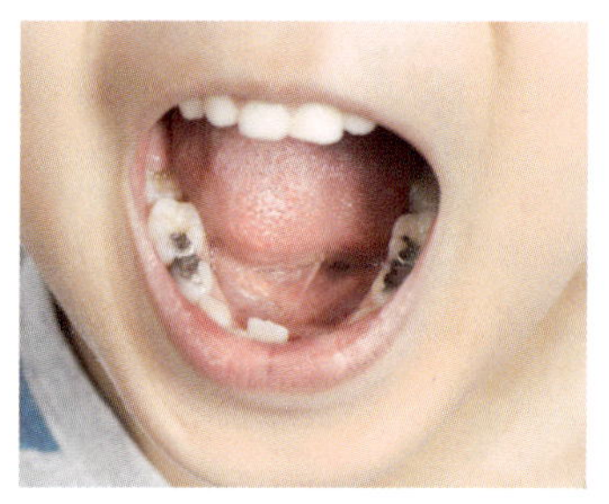

任何年齡都可能出現蛀牙，通常 6 個月大應開始注重口腔健康。若出現蛀牙，孩子進食時會感到痛楚，無力咀嚼，由於細菌在口腔內蔓延，引發牙齦感染、牙周病、膿瘡，甚至影響未長出的恆齒。若發現牙齒表面出現難以清除的白色或咖啡色斑點、在沒有碰撞下牙齒出現凹陷或缺口或對冷熱食物特別敏感等，必須盡快諮詢牙醫。

iii. 鵝口瘡

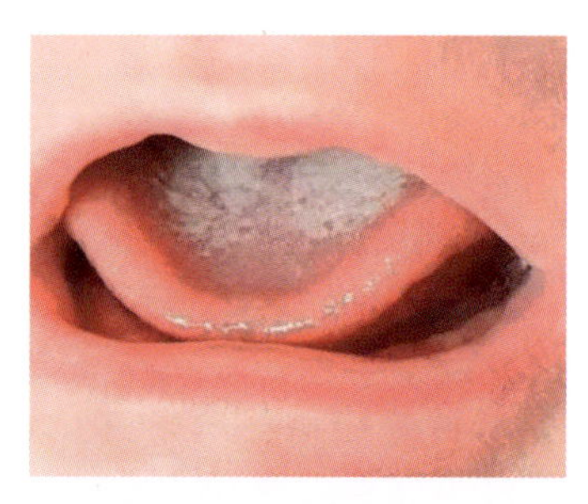

鵝口瘡是由白色念珠菌引起的口腔真菌感染，口腔的牙齦、上顎、面頰黏膜、舌頭上會出現白色斑點，並不能抹掉（若是奶垢會容易被清理），舌頭發紅或感到疼痛，甚至吞嚥困難影響進食。

這通常可能因嬰兒使用的奶樽或奶嘴消毒不乾淨；餵飼母乳時附近皮膚不潔；母親陰道受念珠菌感染，

嬰兒出生時經產道接觸分泌物而受感染；或出牙時經常咬手指或玩具等引起。鵝口瘡一般對健康不會帶來很大影響，但若嬰幼兒或免疫力低人士感染，則有機會引致併發症，由於鵝口瘡具傳染性，因此必須儘快就醫！

iv. 扁桃腺發炎

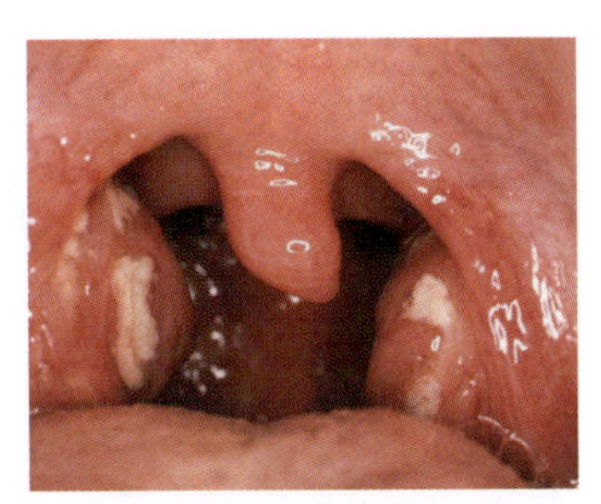

扁桃腺屬於淋巴組織，包圍着咽頭，把守着呼吸道和消化道的入口，是人體抵抗病菌的第一道防線。張開嘴巴即可見到扁桃腺，其表面凹凸不平，因此容易藏有食物殘渣，而導致細菌滋生，引起發炎。

若患上急性扁桃腺炎會發高燒、喉嚨痛、扁桃腺腫脹、發紅腫大，更會有些黃白色的點狀分泌物，令吞嚥過程變得辛苦。細菌性扁桃腺炎通常以抗生素來治療，若不停反覆發作，令扁桃腺過於肥大，而引致呼吸不順，則有需要考慮手術切除，切除後，其他淋巴組織同樣會發揮抵禦病菌的作用。

v. 手足口病

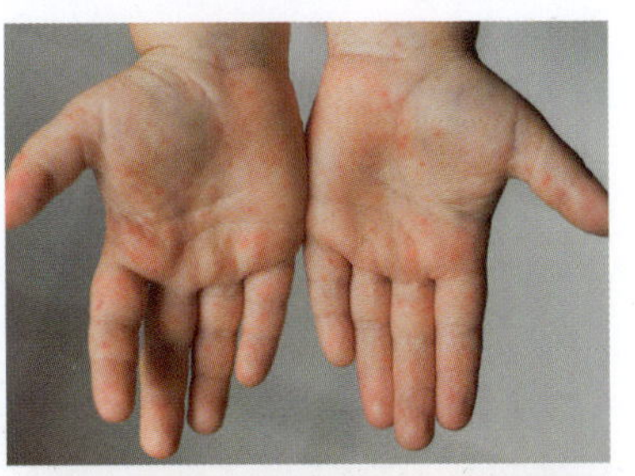

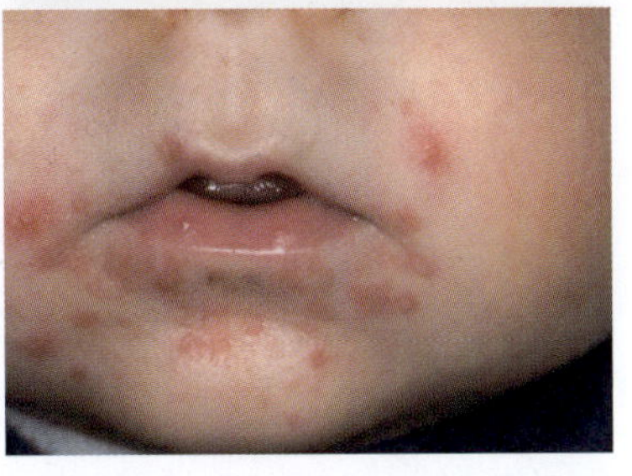

手足口病是由腸病毒所引起，除了出現發燒及喉嚨痛，在口腔、手掌、腳掌、指甲、臀部或生殖器等部位，也會長出像水疱的紅疹，由於口腔內水疱會感痛楚，在舌頭、面頰兩側會出現潰瘍，所以孩子進食時會感到痛楚，影響食慾和吞嚥，長在手腳上的水疱也可能感到疼痛痕癢。

一般需要一星期自然痊癒，沒有任何藥物治療，注意補充水分，建議進食冰涼及流質食物如凍豆漿、凍鮮奶、乳酪及常溫粥等，避免吃酸味或過熱的食物，以免刺激口腔潰瘍。手足口病傳染力很強，或會傳染給成人，需注意消毒，不要共用餐具，提防交叉感染。

我懷疑孩子「黐脷筋」而不肯飲奶及進食，有可能嗎？如何自行檢查孩子有否「黐脷筋」？

「黐脷筋」是口腔結構問題，指舌繫帶過短或過緊，舌繫帶是舌頭正下方細薄的黏膜組織，通俗來説是舌頭下的「筋」。在正常的胚胎期，舌繫帶會逐漸萎縮，令舌頭在口腔內活動自如，亦可伸出口腔。當發育過程不完整，殘留一些組織在舌頭下，出生後舌繫帶仍然存在，如舌繫帶較厚、較緊或較長，影響舌頭郁動，造成「黐脷筋」情況。

「黐脷筋」屬先天性的結構問題，需由專業人士診斷，無法不藥而癒，有些個案需要進行手術，並在手術前 / 後以言語治療作為介入手法，確保在術後有全面的康復。

普遍人認為「黐脷筋」只影響咬字發音，其實更令嬰幼兒在吸啜母乳，或加固期學習進食出現困難，令進食意慾下降，或限制願意嘗試的食物種類。在嬰幼兒階段，「黐脷筋」會導致吸啜奶水不順，影響吃奶量，容易肚餓及減少營養吸收，或因嘴巴無法包緊乳頭而吸入過多空氣，造成脹氣或肚痛。踏入加固期，如舌繫帶過短或過緊，情況較嚴重的話，舌頭無法正常向前伸或左右擺動，會影響咀嚼及吞嚥的協調性，令進食的難度增加，孩子難以享受進食過程。

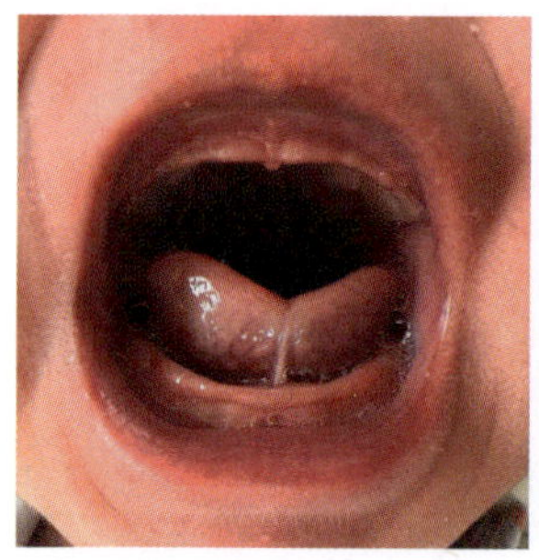
舌頭被舌下的「筋」拉扯着，無法自如活動。

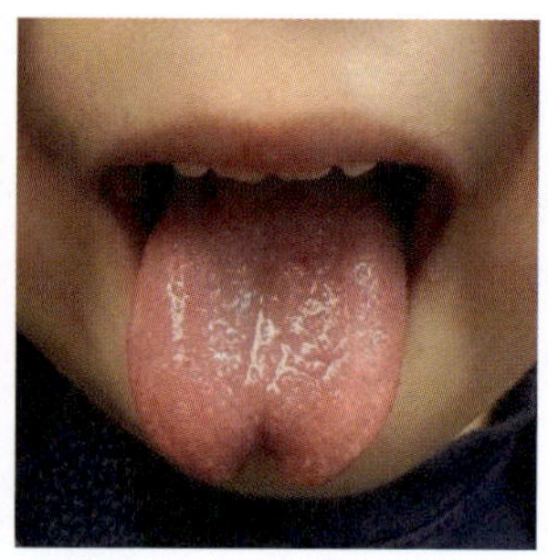
舌頭伸出時，舌尖呈「W 形」脷。

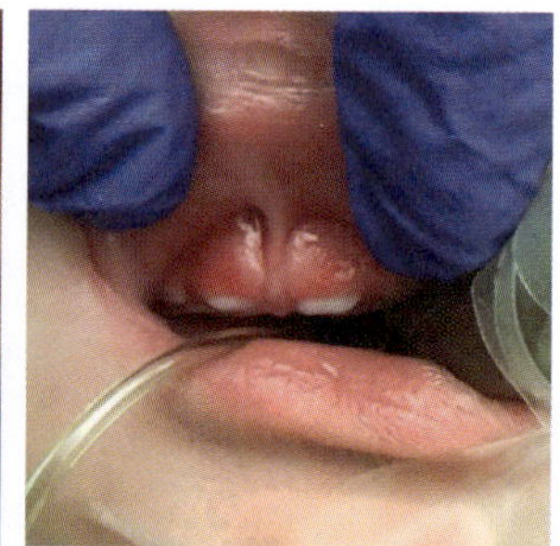
黐唇筋也會限制吸啜能力。

部分「黐脷筋」寶寶在進食時沒有明顯問題，但細心留意的話，會發現他們可能沒經過咀嚼，而是直接把食物吞食，除減少訓練口肌的機會，更增加哽塞的風險。及早介入問題，除可減少不愉快的進食經驗、發音及因口腔結構而產生的功能性影響，長遠亦可避免社交及自我形象低落等。

黐脷筋幼兒餵哺母乳時

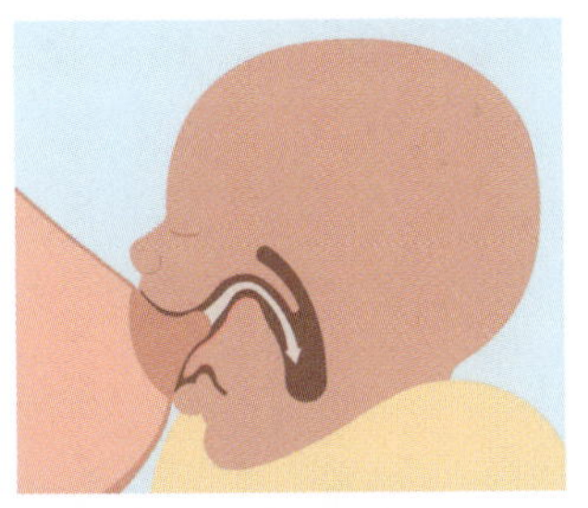
正常應能深入包着整個乳暈及乳頭，順暢地吸啜母乳。

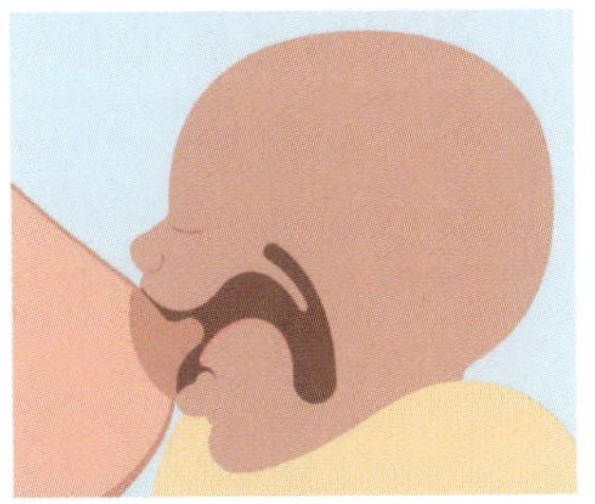
黐脷筋幼兒未能鎖住乳頭，舌頭難以出力吸啜。

要確診孩子有否「黐脷筋」，必須經過專科醫生臨床檢查及診斷，家長可透過以下特徵，初步評估孩子的口腔情況。

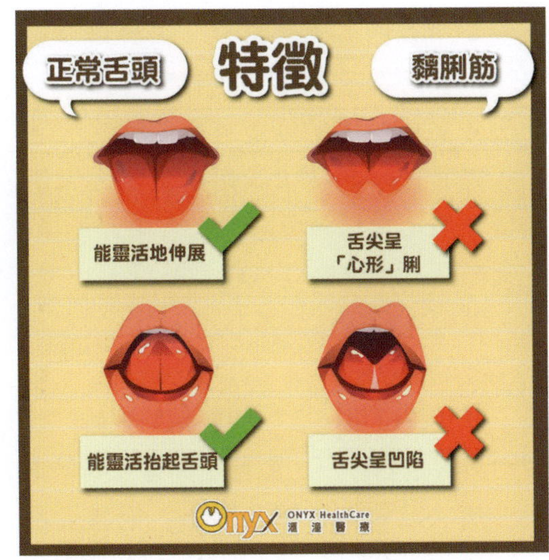

- 寶寶難以埋身進食人奶（如難以鎖住乳頭、吸啜力不足、口角漏奶、吃奶時間延長或出現「嗟、嗟」聲等）。
- 伸出舌頭時，未能超越上下兩排牙齒。
- 舌尖呈凹陷。
- 舌尖呈「心形」或「W形」脷。
- 舌頭未能靈活地左右伸展、抬起舌頭、向前伸展、捲舌、回彈等。
- 難以正確發出這些音：L、R、T、D、N、S、Z。

另外，以下的簡單評估方法，家長可以在家嘗試：

i. 清潔雙手後，用手指沿寶寶舌頭底部左右移動，感受有冇阻力。
ii. 正常或只感受到少許阻力，這問題不大，只需繼續觀察。
iii. 明顯感受到阻力的話，舌頭活動可能受到限制，多加留意飲奶或説話有否出現問題。
iv. 如手指不能夠在舌底移動，建議儘快求診，評估是否需要進行手術改善。

孩子容易嘔奶，即使加固後仍然經常嘔吐食物，所以常常不願進食……嘔吐時如何紓緩？應如何協助孩子減少嘔吐情況？

作為家長，看着孩子頻繁地嘔奶，甚至加固後嘔吐情況仍然沒法改善，導致孩子不願進食，營養攝取不足，實在令家長焦急萬分。嘔吐主要分為病理性或生理性兩大類，如果嘔吐次數頻密，伴有發熱、肚瀉、全身乏力、口乾、尿少、無精打采等症狀，應立即就醫。

事實上，嘔奶在嬰幼兒階段很常見，由於嬰幼兒胃部形狀呈水平狀，胃賁門（在食道開始進入胃交接處位置）尚未發育健全，賁門肌肉較鬆弛，而且胃容量較少，因此喝下的奶水很容易吐出來。不同年齡層的孩子出現吐奶或嘔吐的原因不盡相同，有機會吃奶過急吸入大量空氣，增加腹部內壓，亦有機會家長擔心孩子不夠飽而過量餵食，因過飽而嘔吐。如果嘔吐後精神及活動力還不錯，沒有其他症狀，情緒沒有太大變化，則毋須太擔心了。

孩子進食後出現嘔吐，如非頻繁嘔吐，出現脫水機會相對較少，家長也需留意嘔吐方式及性質。若食物從嘴角流出，奶量少呈白色，沒有其他症狀，這可能只是稍微溢奶，毋須太擔心；但若大量噴出食物，而嘔吐物帶血、顏色異常如黃綠色（膽汁）、咖啡色，甚至黑色，則必須立即就醫。

若嘔奶呈噴發式，必須立即就醫。

如何紓緩嘔吐？

i. 暫停進食，耐心安撫孩子，讓孩子的情緒穩定下來。
ii. 保持站姿或坐姿，避免平躺；若必須躺下，讓孩子側卧或頭側向另一面，將頭部稍微抬高。如

果嬰幼兒未能側臥，可用毛巾支撐背部，別讓嘔吐物堵塞喉嚨或氣管，以免導致窒息。

iii. 嘔吐後，孩子感到口渴，注意避免脱水，但切忌立即飲用大量水或進食，應讓腸胃稍作休息，慢慢協助補充水分或葡萄糖電解質水，每次可餵約 10 毫升液體，待 30 分鐘後沒有嘔吐現象，可再次恢復進食。

iv. 注意不要攝取過多蛋白質，以免胃液分泌過多，再次引發嘔吐。

v. 更換弄髒的衣服及床單，減少難聞的味道。

vi. 用紗巾擦淨嘴巴四周，甚至清潔口腔裏。

如何協助減少嘔吐情況？

i. **少吃多餐：**不宜勉強或過量餵食，可減少食物分量，多次進食，減少胃部負擔。

ii. **控制速度：**避免吃得過快，喝奶時減少吸入過多空氣；加固後，孩子應盡量咬碎食物，減少吞嚥困難，同時是口肌訓練的過程。

iii. **選擇易消化的食物：**可以蒸煮的方式為主，避免油膩刺激的食物，難以消化。

iv. **喝奶後掃風：**嬰幼兒餵奶後，輕拍背部以排出胃內容氣，再直抱 15 分鐘才讓孩子平躺。

v. **營造輕鬆舒適的環境：**保持室內空氣流通，減少外界騷擾，讓孩子進食時更專注，這有助穩定情緒，避免進食時出現太激動反應而嘔吐。

vi. **心理健康：**孩子受壓、精神緊張、焦慮等，會導致食慾不振或飯後嘔吐，家長可多花時間留意及陪伴了解。

孩子的排便習慣不定時，時有便秘，而且形狀不完整，有時甚至痾血，會否影響孩子的食慾？

大多數幼兒每天排便一次，有的一星期只有三至五次，但只要狀態較軟，都屬正常；如每星期只有一、兩次則屬不正常，家長必須及時介入，調節孩子的飲食及生活習慣，避免長期出現便秘問題。

便秘是指排便次數減少，糞便乾結，排便時感到疼痛及困難。排便的規律性直接反映消化系統的健康狀況，如孩子的排便習慣不定時，代表其腸道蠕動缺乏規律，毒素在腸道內積聚，影響正常消化營養吸收功能，削弱免疫系統。便秘會引起腹部不適令孩子食慾下降，長此下去，孩子變得愈吃愈少，大便量相應減少，最終只會不斷延長每次排便時間。當大便變得越來越乾硬，會令肛門皮膚撕裂疼痛，甚至出現直腸脱垂，令孩子對排便產生心理恐懼。

若孩子出現血便，有可能是消化道某處正在出血，也可能是食物的顏色，家長應觀察孩子的精神及全身狀況，回想最近曾進食的食物，嬰幼兒開始吃副食品後，大便顏色及軟硬度可能會有所改變，只要排便時感覺舒服，就不必太擔心了。

便便顏色你要知！

棕色或黃綠色：正常。

紅色大便：如是鮮紅色或帶有血跡，可能是下消化道出血的跡象，常見有肛裂、腸胃炎或食物過敏等情況。

黑色大便：可能是胃出血。

白色大便：有可能是膽道閉鎖症或乳糖不耐症，或是輪狀病毒。

家長應多加關注孩子的排便規律，例如記錄孩子的排便次數，如超過日常時間而還沒排便，應及時調整飲食組合，如增加水分及纖維攝取、多進食水果、鼓勵孩子多做運動或按摩肚子促進腸道蠕動。

孩子在排便過程要保持專心，避免讓孩子玩手機或看電視，因為當孩子被分散注意力，可能會忽視身體發出的排便信號，導致忍便，當大便在腸道內停留時間愈長，會變得堅實，增加排便的不適及焦慮感，家長可鼓勵他們專注排便，提高排便效率，讓過程更加順利。

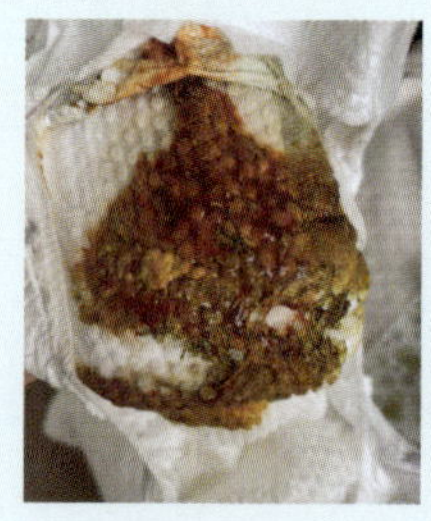

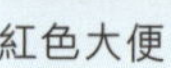

紅色大便

黑色大便

孩子有時說肚痛不願進食，並持續一段時間，應如何判斷是否需要立即就醫？有機會出現甚麼急症的情況？

孩子肚痛是日常生活常見症狀，可能是消化不良、情緒影響所致，也可能是嚴重疾病的警號。多數幼兒的肚痛並非嚴重疾病所致，如果精力充沛、體重持續增加，則毋須太擔心；如果身體狀況一向良好，突然肚痛且持續不止，就需要就醫檢查，家長可透過幾下因素，評估肚痛的嚴重性。

疼痛位置：

多數患病幼兒的肚痛情況，發生在中腹部肚臍周圍；如發生在腹外周，即左右腹或上下腹，有機會是身體機能出現問題，若偏右下腹可能是盲腸炎。

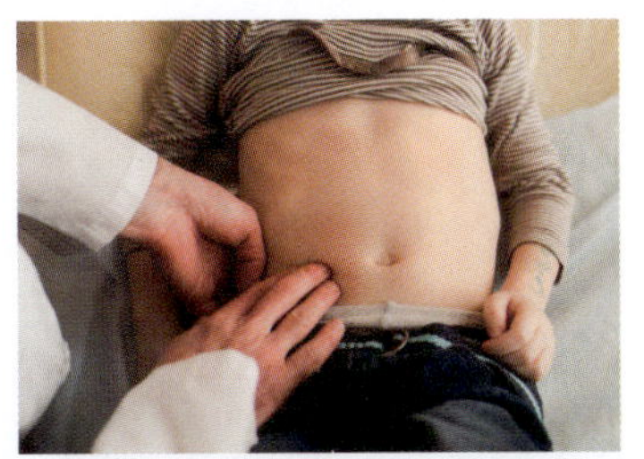

若右下腹位置出現肚痛，有機會是盲腸炎，需盡快求醫。

持續時間和程度：

若肚痛短暫出現，稍作休息便消失，家長可以先密切觀察；若孩子肚痛反覆出現或持續不減，甚至逐漸加重，而且不斷哭鬧、蜷縮忍痛，則有機會出現急症的情況。若小朋友能夠表達，可嘗試詢問他們腹痛的痛楚情況，評估是否與進食或某些動作有關係，讓他們由一分至十分為痛楚評級，從而估計痛楚的嚴重程度。

其他症狀：

如伴隨發燒、上吐下瀉、食慾不振、脫水、大便帶血、腹部腫脹等情況，需立刻前往急症室或尋找小兒外科醫生就診。

曾經有個案，初期以為孩子患上腸胃炎，家長只讓他服用普通藥物。豈料，小孩的病情不見起色，直至疼痛難忍入院檢查，才發現患上闌尾炎，更引致腹膜炎，腹內積聚膿水，必須立即動手術切除。

因此，某些看似普通的不適症狀，或會隱藏着更嚴重的病症。雖說肚痛在孩子成長階段很常見，每次家長必須提高警覺，若需要動手術，一般先嘗試進行微創腹腔鏡手術，康復程度較快，如有其他因素增加手術風險，才會改為傳統手術，所以及早檢查處理很重要。

i. 盲腸炎

學名「闌尾炎」，闌尾又稱盲腸，即大腸起端，一條沒有功能的細長管道。當有糞便或其他原因阻塞管道，可能引致急性闌尾發炎。

孩童不擅於表達，家長會誤以為腹痛不適由於進食不潔食物引致，加上早期急性闌尾炎病徵與急性腸胃炎相似，同有發燒、腹痛及腹瀉等症狀，故兒童闌尾炎確實較難診斷，到確診時闌尾發炎的病情，可能已發展到嚴重程度，必須緊急動手術切除，以控制炎症。

ii. 小腸氣

小腸氣多數發生在寶寶肚臍或腹股溝位置，腹股溝即大腿內側與下腹相連的「大髀罅」。如腹壁肌肉層有缺口，當寶寶放聲大哭、用力大小便等會令肚壓過高，有機會令內臟（如小腸或女寶寶的卵巢），經過肌肉層缺口而突出，小腸氣時有時無出現，萬一急性「卡」在肌肉缺口，血液無法流入，可能導致腸管壞死。若孩子大聲哭鬧，或鼓起的部分未能推回去，必須立即就醫。

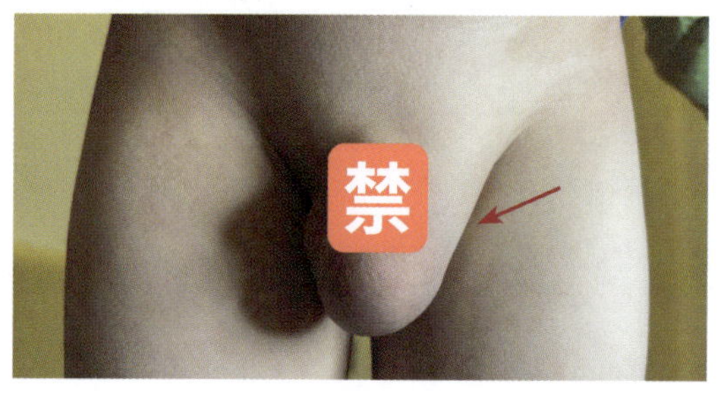

當孩子在哭鬧、咳嗽或腹部用力時，腹股溝即呈現突出腫塊，若卡在疝氣缺口就會引致腫脹、缺血或壞死。

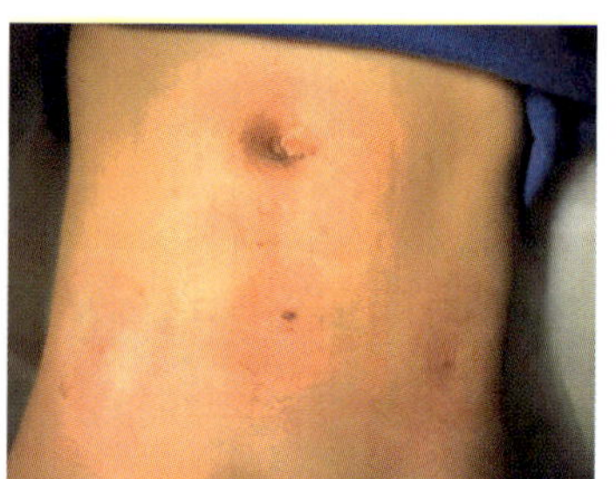

小腸氣手術可透過微創方式完成，傷口細有助促進復原。

iii. 腸套疊

指前段腸子套入後段腸子而引起的腸道阻塞，此症多發於兩歲以下的幼兒。真正的原因尚未清楚，病發時會伴隨腹痛、嘔吐物含有黃綠色膽汁，最重要的特徵是排出如果醬般的紅色大便，因為套疊部分的腸管血流阻塞，導致腸管壞死所致。

治療腸套疊採用高壓灌腸，讓腸道恢復原狀，假如出現腹膜炎或休克，則有機會動手術。

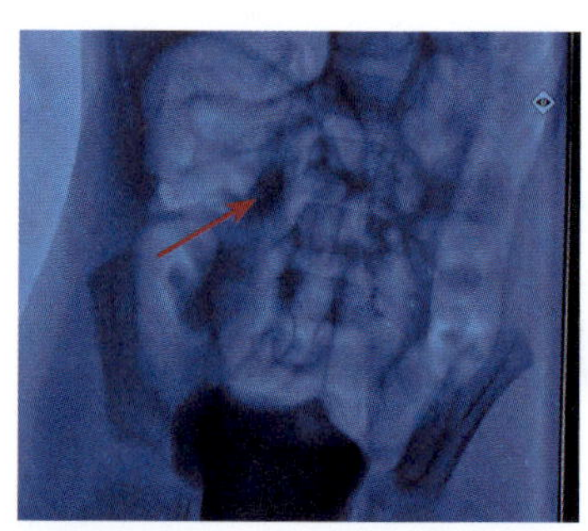

腸套疊是指一段腸道套進另一段腸道，變成「大腸包小腸」的樣子，形成幼兒腸道阻塞。

孩子只吃數款特定食物，是有「厭食症」嗎？

有嚴重偏食的孩子，當然不是有「厭食症」!「厭食症」背後原因是對身形有扭曲的看法，害怕體重上升，從而限制自己進食，通常由精神科醫生進行評估及確診。

有嚴重偏食的孩子只吃幾種特定食物，常見於有自閉症的孩子（見 p.69「孩子餐餐都要一模一樣 」個案），但背後原因與厭食症截然不同。嚴重偏食並不是精神健康狀況，更大程度與孩子身體情況有關，例如感覺處理障礙、口腔肌肉功能不足等。

世界各地的餵食專家並不建議採用飲食失調等精神疾病確診，包括「進食失調症 Avoidant/ Restrictive Food Intake Disorder，ARFID」亦不合適，他們提倡使用「兒童餵食障礙 Paediatric Feeding Disorder」作為診斷[25]，評估範圍涵蓋身體狀況、營養、餵食技巧、生理及社交，更為全面及合適。

每位偏食孩子的情況，背後總有個別原因，如果誤以為孩子有精神狀況而忽視身體的真正需要，會錯過獲得適切評估及治療的機會。建議家長安排由職業治療師或言語治療師進行相關評估，透過訓練幫助孩子。如飲食非常限制、缺乏成長所需營養，建議由營養師評估飲食及提供建議。處理任何嚴重偏食個案，跨專業治療對孩子及家庭都是最有效、具科研實證的治療方案[5]。

餵食與家庭關係

每天為孩子煮飯、餵孩子吃飯，都花上很長時間，每餐都很有壓力。怎樣可以減低壓力？

面對孩子偏食，家長難免感到十分氣餒。在我們工作期間，看到的家長面對孩子偏食問題，總是努力不懈地研究各種食材或煮法，希望能夠獲得孩子「垂青」。

可惜，家長努力完成美食後，孩子可能一啖也不吃、一眼也不看，哭着離開飯桌，然後被家長狠狠大罵等，這些情景我們經常聽到。

父母會感到疲累，內疚得自己破口大罵，不知如何是好，感到很大壓力。父母心中必須保持強大信念：「孩子總有一天會變好」。研究顯示，家長的育兒方法有助減少偏食行為，當中以權威式管教（authoritative parenting）最有效，父母會為孩子設立清晰界線，但同時尊重孩子自主，容許孩子在界線內自由探索，即所謂「溫柔而堅定」的育兒方式[4]。減少單向式的操控，減少破壞親子關係的破口大罵，因為研究顯示這種獨裁式管教（authoritarian parenting）反令偏食行為惡化[4]，結果家長愈罵孩子情況愈差，家長壓力愈大，只會形成惡性循環。

家長應好好調節自己的期望，例如年幼孩子能夠嘗試一口新食物，或用自己的匙羹吃半餐飯，已經是一個好開始。給予孩子合適分量，避免給予太多，目的是增加孩子的成功感，讓他們覺得自己都能做到，都能完成面前食物，從而讓孩子有信心下次也會做到。不要期望孩子一夜間有截然不同的改變，這是不實際及令自己失望的。

家長感到壓力時，緊記尋求支持，與家人分工如輪流煮飯、餵飯。在烹調食物方面，分量可以多煮些，餘下的放入冰格，下次進食時翻熱即可；或烹調快速開飯的親子共食菜式，減少準備食物的壓力（參考第三章節食譜）。

家長用平常心看待生活每個小節，有時可能有意想不到的收穫。與家人一起多觀察、多討論，或會產生多點新想法。當然，在適當時尋求專業評估和指導，也是協助自己的重要一步，從專業角度了解孩子偏食原因，商討解決方案，一定會更易成功。

孩子愛玩食物，很多人覺得孩子吃得很污糟，身體和地上都黏滿食物，我們不應該這樣嗎？

幼兒進食時「玩食物」，把食物掉在地上，其實這是他們探索世界、認識食物、發展感官的自然過程，這不是「不應該」的行為，而是成長的一部分[16]。家長可以先了解孩子為甚麼「玩食物」？

這是出於好奇心，孩子透過觸覺（用手拿、擠壓）、嗅覺（用鼻子聞）、視覺（用眼睛注視）、味覺（放入口嘗試）或聽覺（用來敲打）而進行探索，從感官認識食物[11、16]。「玩食物」的過程發展手眼協調、練習小肌肉的抓握、練習口肌，又或是幼兒希望透過「玩食物」吸引父母視線，父母的強烈反應（如責罵或大笑），有機會令孩子重複行為來吸引注意力。

即使年紀較大的兒童，間中都會「玩食物」，例如用叉子戳破蛋黃、喝飲料時以飲管吹出氣泡，都不外乎是好奇心或嘗試挑戰家長。

面對孩子「玩食物」，家長可以嘗試：

i. 允許探索，但必須設定界限，可讓小朋友在合理範圍內探索食物，例如可在餐桌上，不可以掉在地上。
ii. 態度溫柔而堅定，毋須責罵，從旁引導孩子進食。
iii. 親身示範，從旁教導小朋友正確進食的態度，並用言語解釋：「媽媽用匙羹吃飯的」。

製作曲奇的過程，孩子可以透過觸覺「玩食物」，滿足好奇心。

iv. 提供合適分量，不要給予太多食物，減少小朋友重複玩耍。

v. 不要給予過激反應，避免強化他們的行為。

vi. 按年紀提供合適的餐具，幫助他們容易進食，減少「玩食物」的機會。

vii. 給予其他「玩食物」的機會，例如食物小遊戲（用馬鈴薯做印章）、讓孩子參與烹調的準備工作及過程，在進餐之外滿足孩子的好奇心。

孩子有不同的照顧者，例如家傭姐姐、祖父母等，大家在餵養上容易出現爭拗，有甚麼改善方法？

當孩子同時有多位照顧者時，大家的育兒方式各有不同，各有各的觀點與想法，的確容易出現爭拗。除了增加照顧者的壓力外，對孩子的飲食習慣亦有負面影響。

透過以下方法，即使孩子由不同照顧者照顧，透過良好溝通以提升照顧的一致性，為小朋友建立健康正面的生活氣氛。

i. 制定一致的規則，例如食物選擇、煮食方法、進食環境等，記下規則，方便照顧者跟從及參考。

ii. 經常溝通及協調，讓不同的照顧者分享觀察和困難，就孩子的進食情況共同討論解決方案。

iii. 互相尊重及理解，不同照顧者具不同成長經歷及文化背景，要對彼此的經驗和習慣保持尊重，尋求共識。

iv. 凡事以孩子為中心，讓不同照顧者明白孩子的發展需要，需要時由專業人士參與及解釋，令溝通更加順暢。

v. 參加相關訓練及講座，提升育兒技巧。

vi. 有明確的分工，按各人所長，分配比較勝任的工作，減少重複及衝突，並對各崗位的照顧者給予認同及協助。

vii. 記錄飲食狀況，特別是年幼的孩子，吃了甚麼、吃了多少、大小便次數、有沒有特別反應等，方便大家了解孩子的進展和問題。

孩子知道快要開飯，已經很抗拒，很想逃跑，怎樣改善此情況？

這顯示他們對進食感到焦慮及恐懼，常見於有餵食困難的孩子，原因大多是被強迫進食或有負面經歷，非常可憐。

想改善此情況，必須幫助孩子逐步克服焦慮及恐懼。家長先建立正面氣氛，轉換進食環境或餐具，讓孩子減少聯想負面情緒。另外，家長必須調節自己，訂立合理期望，為孩子設立較小的目標，透過鼓勵及稱讚增加孩子的信心，減少責罵。如家長對孩子餵食長期感到壓力，不知如何處理，應尋求專業協助。畢竟一日三餐，如每餐不斷上演這種情況，對整個家庭構成壓力。

看見其他孩子很喜歡進食，可以和家人出街吃飯、旅行，我也可以和孩子這樣嗎？

每人的性格喜好各有不同，不是所有人都喜歡進食。當孩子的進食行為影響日常生活及社交，就必須及早正視，如每次外出要自備正餐，因孩子不肯吃「屋企飯」以外的食物，這是影響日常生活。每次派對抗拒與朋友一起吃派對食物，這就是影響社交，有些家長甚至從不敢帶孩子外遊。及早處理，除了是因為想孩子健康成長外，也有助全家生活重回正軌。

如何建立孩子、家庭與食物的健康關係？

多與孩子參與餐桌以外與食物有關的活動[11]，例如一起到超級市場選購食材；觀看與食物有關的卡通片；到郊外種植或採摘食材；閱讀與消化系統有關的書籍；家長可指導較大孩子參與煮食，甚至讓他自己煮；一起參考食譜和觀看烹飪節目。以上這些活動都能將孩子、家庭及食物連繫一起。

實用錦囊

面對偏食孩子的十大對策

家長與其激氣大鬧孩子，不如運用適當的策略、堅持及耐心，幫助孩子逐步改善偏食的行為。

1. **讓孩子多接觸及嘗試：**每隔一段時間讓孩子再次接觸不願進食的食物，即使孩子只吃少許亦要鼓勵，堅持一直嘗試。
2. **煮食多變化：**運用各種烹調方式及擺盤方式，從味道、質地及視覺上變化，吸引孩子吃多樣化的食物。
3. **讓孩子與食物建立連繫：**讓孩子感官探索食物、參與烹飪過程、閱讀相關書籍、種植水果蔬菜等，增加對食物的興趣。
4. **和孩子一起用餐：**示範良好的飲食習慣，作為榜樣讓孩子學習模仿，並促進家庭關係。
5. **建立正面的進食氣氛：**避免在餐桌上批評或強迫孩子進食，多觀察、多欣賞、多鼓勵；不強迫、不指責、不施壓。

6. **定時進食，建立規律的飲食作息時間表：**調節生理時鐘，配合恆常運動，增加孩子食慾。
7. **接納彈性食量：**孩子食夠就好，尊重孩子的飢餓感及飽足感，並不要求孩子餐餐「一定要清碟」。
8. **設定界限，同時尊重孩子：**溫柔而堅定地執行進食規矩，亦給予孩子有限度的選擇及自由，保持開放態度，尊重孩子對食物味道及感官的喜惡。
9. **不同照顧者達成共識：**照顧者之間溝通清楚，處理孩子偏食時的處理方法要具一致性。
10. **專業人士協助：**需要時及早尋找醫護人員評估，跨專業的治理對情況複雜的孩子及家庭很有幫助，具科研實證。

原來早在寶寶未出世前、未進食固體前，已可預防偏食？

研究指出，原來未出世的寶寶在媽媽子宮裏，已可從胎水中嘗到媽媽飲食中食物的味道，例如懷孕時吃紅蘿蔔，孩子加固時特別喜歡紅蘿蔔。寶寶亦可從母乳中嘗到媽媽飲食中食物的味道。不同研究指出母乳餵哺有助孩子嘗試新食物、吃蔬菜及水果[4]，最重要是媽媽本身的飲食均衡及多樣化。

營養師媽媽的自身分享：我一直相信，孩子在我肚子裏、從母乳中已嘗過我喜歡的味道，我的大兒子的確與我的口味非常相似，大家都喜歡吃粉麵、番茄、冬菇、西蘭花、豆腐及腐竹等；喜歡的水果亦很類近，亦跟我一樣非常喜歡湯水和吃甜品！當然，不排除孩子在成長過程中，跟隨父母的飲食喜好，亦可能有遺傳因素。媽媽我覺得，跟孩子喜歡相同的食物是一件很甜蜜的事，因為當有美食時，我和孩子可一齊分享，亦可和他一起下廚烹調喜歡的餸菜。

參考資料

1. Taylor CM, Wernimont SM, Northstone K, Emmett PM. Picky/fussy eating in children: Review of definitions, assessment, prevalence and dietary intakes. Appetite. 2015 Dec;95:349-59.
2. Wolstenholme H, Kelly C, Hennessy M, et al. Childhood fussy/picky eating behaviours: a systematic review and synthesis of qualitative studies. Int J Behav Nutr Phys Act. 2020;17,2.
3. Spill M, Callahan E, Johns K, et al. Repeated Exposure to Foods and Early Food Acceptance: A Systematic Review [Internet]. Alexandria (VA): USDA Nutrition Evidence Systematic Review; 2019 Apr.
4. Patel MD, Donovan SM, Lee SY. Considering Nature and Nurture in the Etiology and Prevention of Picky Eating: A Narrative Review. Nutrients. 2020;12(11):3409.
5. Goday PS, Huh SY, Silverman A, et al. Pediatric Feeding Disorder: Consensus Definition and Conceptual Framework. J Pediatr Gastroenterol Nutr. 2019;68(1):124-129.
6. Davis AM, Bruce AS, Khasawneh R, Schulz T, Fox C, Dunn W. Sensory processing issues in young children presenting to an outpatient feeding clinic. J Pediatr Gastroenterol Nutr. 2013;56(2):156-160.
7. Kim AR, Kwon JY, Yi SH, Kim EH. Sensory Based Feeding Intervention for Toddlers With Food Refusal: A Randomized Controlled Trial. Ann Rehabil Med. 2021 Oct;45(5):393-400.
8. Dietetics, Great Ormond Street Hospital for Children NHS Foundation Trust. *Nutritional Requirements in Health and Disease*, 8th edition. 2022.
9. Nimbley E, Golds L, Sharpe H, Gillespie-Smith K, Duffy F. Sensory processing and eating behaviours in autism: A systematic review. Eur Eat Disord Rev. 2022;30(5):538-559.
10. Connor Z. Autism. In: Shaw V, ed. *Clinical Paediatric Dietetics*. Oxford, UK: Wiley-Blackwell; 2020: 405-418.
11. SOS Approach to Feeding. Creating a Lifelong Healthy, Happy Eater. Available from: https://sosapproachtofeeding.com/creating-a-lifelong-healthy-happy-eater/. Assessed in February 2025
12. Family Health Service, Department of Health, HKSAR. 7-day Healthy Meal Planning Guide for 6 to 24 month old children. Available from: https://www.fhs.gov.hk/english/health_info/child/14732.html. Assessed in February 2025
13. American Heart Association. Dietary Recommendations for Healthy Children. 2024. Available from: https://www.heart.org/en/healthy-living/healthy-eating/eat-smart/nutrition-basics/dietary-recommendations-for-healthy-children/. Accessed February 2025
14. Ventura AK, Worobey J. Early influences on the development of food preferences. Current biology. 2013 May 6;23(9):R401-8.
15. SOS Approach to Feeding. Developmental Milestones. 2016. Available from: https://sosapproachtofeeding.com/developmental-milestones-free/. Assessed February 2025
16. SOS Approach to Feeding. Top 10 Myths of Mealtime. 2019. Available from: https://sosapproachtofeeding.com/top-10-myths/. Assessed February 2025.
17. Family Health Service, Department of Health, HKSAR. Healthy Eating for 6 to 24 month old children (1) Getting Started. 2023. Available from: https://www.fhs.gov.hk/english/health_info/child/14727.html#p12. Assessed February 2025
18. NHS, UK. Introducing foods that could trigger an allergic reaction. Available from: https://www.nhs.uk/start-for-life/baby/weaning/safe-weaning/food-allergies/. Assessed February 2025
19. Greenhawt M. The Learning Early About Peanut Allergy Study: The Benefits of Early Peanut Introduction, and a New Horizon in Fighting the Food Allergy Epidemic. Pediatr Clin North Am. 2015;62(6):1509-1521.
20. Perkin MR, Logan K, Marrs T, et al. Enquiring About Tolerance (EAT) study: Feasibility of an early allergenic food introduction regimen. J Allergy Clin Immunol. 2016;137(5):1477-1486.

21. European Society for Paediatric Gastroenterology, Hepatology & Nutrition (ESPGHAN); European Academy of Paediatrics (EAP); European Society for Paediatric Research (ESPR); World Health Organization (WHO) guideline on the complementary feeding of infants and young children aged 6-23 months 2023: A multisociety response. J Pediatr Gastroenterol Nutr. 2024;79(1):181-188.
22. Hill SA, Nurmatov U, DunnGalvin A, et al. Feeding difficulties in children with food allergies: An EAACI Task Force Report. Pediatric Allergy and Immunology. 2024 Apr;35(4):e14119.
23. Kamity R, Kapavarapu PK, Chandel A. Feeding Problems and Long-Term Outcomes in Preterm Infants-A Systematic Approach to Evaluation and Management. Children (Basel). 2021 Dec 8;8(12):1158.
24. Chen D, Yang Z, Chen C, Wang P. Effect of Oral Motor Intervention on Oral Feeding in Preterm Infants: A Systematic Review and Meta-Analysis. Am J Speech Lang Pathol. 2021;30(5):2318-2328.
25. Toomey K. Why we don't use the ARFID diagnosis. 2021. Available from: https://sosapproachtofeeding.com/why-we-dont-use-the-arfid-diagnosis-monthly-blog/. Assessed February 2025

Chapter 3

給偏食兒的營養食譜

面對偏食的孩子，家長最煩惱的是，究竟應該怎樣預備早、午、晚餐及茶點？於本章節，兒科營養師及言語治療師針對偏食孩子，設計了特別的煮食方法——隱藏法及變身法，將不愛吃的食材或味道隱藏起來，讓孩子愛上吃，在不知不覺中能攝取當中的營養。

食譜分為輕食 Finger food、主菜、親子共食及甜品系列，色彩繽紛，賣相精緻，能吸引孩子的眼球，從而開始邁出進食第一步。

方法一

隱藏法

將蔬菜、肉類、雞蛋、奶、全穀類等營養價值高的食物隱藏在食譜，讓孩子不知不覺間吃進肚子，吸收營養之餘，又能接觸到味道。

方法二

變身法

將食物變身成不同的大小、形狀或質地，增加孩子對食物的接受程度。

方法三

多變煮法

多變的煮法及食物呈現方式，讓孩子從小嘗試及進食不同種類的食物。研究指出，讓孩子不停地接觸食物，增加對食物的接受程度，讓家長埋下種子，養育喜愛進食多樣化食物的孩子！

方法四

加添成功感

以下食譜不少是手指食物（Finger food），希望孩子容易把食物拿起並放進口，自行進食，讓孩子滿有成功感。建議家長把手指食物製作成適合孩子的大小，分量毋須太多，只提供數件，讓孩子感覺食物分量適合自己，而非一大碗或一大碟，讓孩子有信心完成。

為了方便家長閱讀及使用，每個食譜都標註適合的年齡，經過營養師及言語治療師評估，確保食材、調味料及成品質地適合相關的年齡孩童。

有見香港不少雙職父母，既要上班又要照顧孩子，不妨在空餘時先一次過準備較多分量，將餘下的放進冰格儲存，下次吃時只要翻熱就可，省卻煮食時間，簡單方便，適合繁忙的家長及照顧者。煮食後立即冷藏食物，有助保存食物的質地、味道及緊鎖營養。書內適合預先準備及冷藏的食譜都有明確標示。

按孩子不同的年齡，不妨讓孩子參與選購及準備食材，甚至在家長指導下動手入廚，享受煮食的樂趣，同時感受進食自家製成品的滿足感，也增添進食的動力。

輕食 Finger food

彩色蔬菜班戟

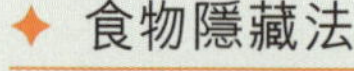

- 食物隱藏法
- 可冷藏食用
- 適合 6 個月大或以上

準備時間	烹調時間	工具
10 分鐘	20 分鐘	攪拌機、易潔鑊

材料

菠菜及香蕉班戟
（班戟 10 片或迷你班戟 20 片）

- 即食燕麥 55 克
- 中型香蕉 1 隻（120 克）
- 菠菜葉 1 杯（50 克）
- 全脂純希臘乳酪半杯（125 克）
- 中型雞蛋 1 個（50 克）
- 泡打粉（baking powder）1/2 茶匙（2 克）
- 肉桂粉 1/2 茶匙（如需要）

南瓜班戟
（班戟 10 片或迷你班戟 20 片）

- 即食燕麥 55 克
- 南瓜粒 1 杯（125 克）
- 全脂純希臘乳酪半杯（125 克）
- 中型雞蛋 1 個（50 克）
- 泡打粉 1/2 茶匙（2 克）
- 亞麻籽 1 茶匙（3 克）
- 肉桂粉 1/2 茶匙（如需要）

紅菜頭班戟材料
（班戟 8 片或迷你班戟 16 片）

- 即食燕麥 55 克
- 紅菜頭 1.5 個（125 克）
- 全脂純希臘乳酪半杯（125 克）
- 中型雞蛋 1 個（50 克）
- 泡打粉 1/2 茶匙（2 克）
- 肉桂粉 1/2 茶匙（如需要）

做法

1. 三款味道分別製作，將每款味道的所有材料放入攪拌機攪拌至幼滑。
2. 在易潔鑊掃上油 1 茶匙，以中火燒熱，用湯羹舀一勺班戟糊加熱（製作普通班戟可放班戟糊 2 湯匙；迷你班戟可放 1 湯匙）。
3. 轉至小火，待其中一面成形後，翻轉班戟，另外一面煎至熟透，即成。

冷藏班戟

把班戟單層放在架上放涼，再放進保鮮袋，用飲管把保鮮袋抽空，放入冰格冷藏。班戟冰硬前，最好不要將班戟疊起。

加熱冰班戟

用微波爐加熱，分兩次共 20-30 秒，或用易潔鑊煎熱。

成功要訣

- 製作班戟必須有耐性，開始時必須用中小火，隨後一直用小火慢煎。
- 如果製作分量太多，可以將分量減半，或製作後把班戟冷藏使用。

兒科營養師小貼士

- 班戟質地柔軟，只含食物中的天然糖分，適合六個月或以上嬰兒作為手指食物，或適合作為幼兒的早餐或小食。
- 班戟內隱藏了燕麥、雞蛋、希臘乳酪、種子及不同蔬菜水果，營養滿分。
- 班戟可配搭純乳酪、忌廉芝士或其他水果進食。

食物營養素（按班戟1件或迷你班戟2件計算）

食物營養素	菠菜及香蕉班戟	南瓜班戟	紅菜頭班戟
熱量（卡路里）	55	48	61
蛋白質（克）	2.7	2.6	3.3
脂肪（克）	1.9	2.0	2.3
碳水化合物（克）	7.3	5.3	6.9
糖（克）	2.1	0.8	1.8
膳食纖維（克）	1.0	0.7	1.2
鈉（毫克）	37	33	53
鐵（毫克）	1	0	1
鈣（毫克）	37	35	42

輕食 Finger food

無添加西多士

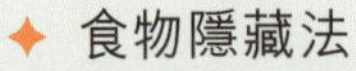

- 食物隱藏法
- 適合 9 個月大或以上

準備時間

5 分鐘

烹調時間

5 分鐘

工具

易潔鑊

材料
(3 塊)

- 全麥方包 2 塊，去皮（50 克）
- 無添加幼滑純花生醬 1 茶匙（6 克）
- 無添加純果醬 1 茶匙（6 克）
- 雞蛋 1 個，拂打
- 油 1 茶匙（5 克，用作煎西多士）

做法

1. 全麥方包搽上花生醬及果醬，將兩塊方包重疊成三文治。
2. 蛋液放於碟內，將三文治麵包蘸滿蛋液。
3. 在易潔鑊掃上少許油，用中火燒熱，放入蘸滿蛋液的三文治，以小火煎至兩面金黃色，切成三份成為手指西多士。

成功要訣

- 用厚方包更易吸收蛋液，吃起來更有口感。

兒科營養師小貼士

- 這是我家孩子很喜歡的早餐食譜，製作簡單！無添加百分百純花生醬（無添加糖及鹽）含豐富單元不飽和脂肪及蛋白質；純果醬由水果烹調濃縮而成，無額外添加糖分，均適合幼兒食用。
- 手指西多士隱藏雞蛋及全麥包，適合不喜歡吃雞蛋或麵包當早餐的幼兒。
- 近年的食物敏感指引建議，嬰兒於六個月大開始，可重複進食雞蛋及花生，有助減低將來食物敏感的風險。

食物營養素
（按 3 塊計算）

熱量（卡路里）	260
蛋白質（克）	12.5
脂肪（克）	12.7
碳水化合物（克）	23.9
糖（克）	3.6
膳食纖維（克）	4.0
鈉（毫克）	297
鐵（毫克）	2
鈣（毫克）	76

輕食 Finger food

藍莓蛋糕

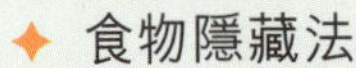

- 食物隱藏法
- 可冷藏食用
- 適合 7 個月大或以上

準備時間

15 分鐘

烹調時間

15-30 分鐘

工具

焗爐 / 氣炸鍋、小蛋糕模具

材料（6 件）

- 維多麥 Weetabix 2 塊（38 克）
- 自發粉（self-raising flour）80 克
- 泡打粉（baking powder）1 茶匙（4 克）
- 雞蛋 1 個（50 克）
- 無鹽牛油 50 克
- 全脂純牛奶 60 毫升
- 中型熟香蕉 1 隻（120 克）
- 藍莓 30 克
- 合桃 4 顆

做法

1. 預熱焗爐 180℃（或氣炸鍋 160℃）
2. 牛油用微波爐加熱至溶；香蕉用叉子壓成香蕉蓉；合桃切碎（兩歲前嬰幼兒必須將合桃用食物處理器打成粉）。
3. 預備大碗，用手弄碎穀物麥片餅，加入雞蛋、牛油溶液、牛奶、香蕉蓉、泡打粉及自發粉，用刮刀順時針拌成麵糊。
4. 最後加入合桃碎及藍莓拌勻，將麵糊平均放入小蛋糕模，確保藍莓在內。
5. 放入焗爐焗 25-30 分鐘，插入牙籤測試，如沒有麵糰黏着，代表蛋糕熟透（如用氣炸鍋，以 160℃焗 12 分鐘，最後提升溫度至 180℃多焗 3 分鐘）。

冷藏小蛋糕

小蛋糕放在架上放涼，再放進保鮮袋，建議盡快食用。用飲管把保鮮袋抽空，放入冰格冷藏。

加熱冰蛋糕

用微波爐、焗爐或氣炸鍋加熱。

成功要訣

- 最好選用熟香蕉，容易製成香蕉蓉，並混和麵糊裏。
- 建議蛋糕模內掃上油，令蛋糕容易澎脹，容易脱模。

兒科營養師小貼士

- 今次選用全麥穀類早餐維多麥，含豐富膳食纖維，額外添加鐵質等，是嬰幼兒需要的微量營養素；但很多幼兒不喜歡維多麥的質感，食譜將全麥穀類隱藏在柔軟的蛋糕。
- 蛋糕沒有添加糖分，適合七個月大或以上嬰兒作為手指食物，亦適合作為幼兒的早餐或小食。
- 合桃含豐富奧米加三脂肪酸，幫助腦部及視力發展。藍莓含豐富抗氧化劑花青素及藍莓素。

食物營養素
（按小蛋糕 1 件計算）

熱量（卡路里）	186
蛋白質（克）	4.2
脂肪（克）	10.0
碳水化合物（克）	20.6
糖（克）	3.9
膳食纖維（克）	1.8
鈉（毫克）	275
鐵（毫克）	2
鈣（毫克）	106

輕食 Finger food

吞拿魚可樂餅

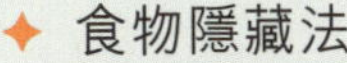

- 食物隱藏法
- 可冷藏食用
- 適合 6 個月大或以上

準備時間

15 分鐘

烹調時間

15-30 分鐘

工具

易潔鑊

材料（8 件）

- 馬鈴薯 1 個（中型，200 克）
- 吞拿魚 1/2 罐（瀝乾水分，重量約 50 克）
- 車打芝士碎 25 克（grated Cheddar cheese）
- 馬蘇里拉芝士碎 10 克（grated Mozzarella cheese）
- 青豆 1 滿茶匙（20 克）
- 油 1 茶匙（5 克，用作煎餅）

做法

1. 馬鈴薯切細件，與青豆放入熱水，烚數分鐘，盛起。
2. 馬鈴薯及青豆用叉子壓成蓉；吞拿魚壓碎。
3. 將薯蓉、青豆蓉、吞拿魚碎及芝士碎混合。
4. 雙手沾濕，用手按壓捏出 8 個小薯餅。
5. 在易潔鑊掃上少許油，用中火燒熱鑊，放入薯餅用小火將兩面煎至金黃色及芝士溶化，上碟享用。

成功要訣

- 這是一個不含雞蛋或麵粉的食譜，利用薯蓉將食材黏合一起，如薯蓉太乾失去黏性，可加少許水拌勻。
- 若想吃起來有拉絲芝士，可增加馬蘇里拉芝士的比例。

兒科營養師小貼士

- 我的孩子不喜歡青豆，這個可樂餅成功隱藏青豆。除了蔬菜，食譜還含根莖類、肉類及奶類，營養均衡。
- 薯餅質地軟身，適合 6 個月大或以上嬰兒作為手指食物，亦適合作為幼兒的早餐或小食。
- 可將馬鈴薯換成番薯，製成番薯餅。
- 選用罐頭吞拿魚，方便又有營養，含豐富蛋白質及奧米加三脂肪酸，緊記選購罐頭吞拿魚時，必須查閱成分表，選擇水銀含量低的鰹魚（Skipjack tuna）。

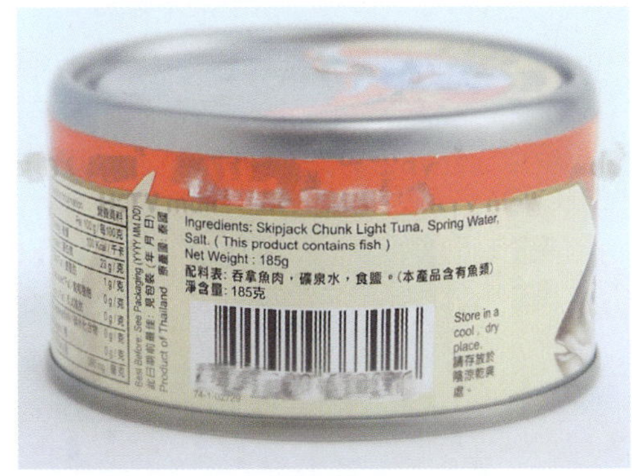

食物營養素（按件計算）

熱量（卡路里）	191
蛋白質（克）	23.5
脂肪（克）	8.7
碳水化合物（克）	13.1
糖（克）	1.1
膳食纖維（克）	1.7
鈉（毫克）	243
鐵（毫克）	1
鈣（毫克）	126

輕食 Finger food

手指多士

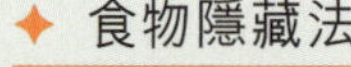

- 食物隱藏法
- 快速完成
- 適合 9 個月大或以上

準備時間

5

分鐘

烹調時間

5-15

分鐘

工具

小煮食鍋
（烚蛋用）

材料 （2份，共6片）

- 全麥方包2片，去皮（50克）

蛋沙律醬

- 烚蛋1個（50克）
- 全脂日本沙律醬2茶匙（10克）

牛油果醬

- 罐頭沙甸魚1條（30克）
- 牛油果1/2個（小，50克）
- 檸檬汁數滴

忌廉芝士配水果

- 全脂忌廉芝士醬2湯匙（cream cheese，30克）
- 士多啤梨3粒，切片（35克）

做法

1. 烚蛋切粒，混合沙律醬，製成雞蛋沙律醬。
2. 沙甸魚及牛油果混合，灑入數滴檸檬汁以防牛油果氧化，製成牛油果醬。
3. 全麥方包烘成多士，每片切成三份，成為手指多士。
4. 根據個人喜好，在手指多士塗上雞蛋沙律醬、牛油果醬，或塗抹忌廉芝士後鋪上士多啤梨片，即可享用！

成功要訣

- 先把麵包烘成多士，再切成條狀，孩子進食時較容易拿起。

兒科營養師小貼士

- 不少家長都有煩惱——孩子吃麵包時除了花生醬、果醬或牛油，還可以塗上甚麼？這個食譜提供三個有營養的配搭方法：雞蛋沙律醬很受孩子歡迎；牛油果醬混合沙甸魚，提供單元不飽和脂肪及奧米加三脂肪酸，沙甸魚軟骨含有豐富鈣質；忌廉芝士醬有淡淡的芝士味，與莓果或純果醬尤其搭配。

食物營養素（按3件計算）

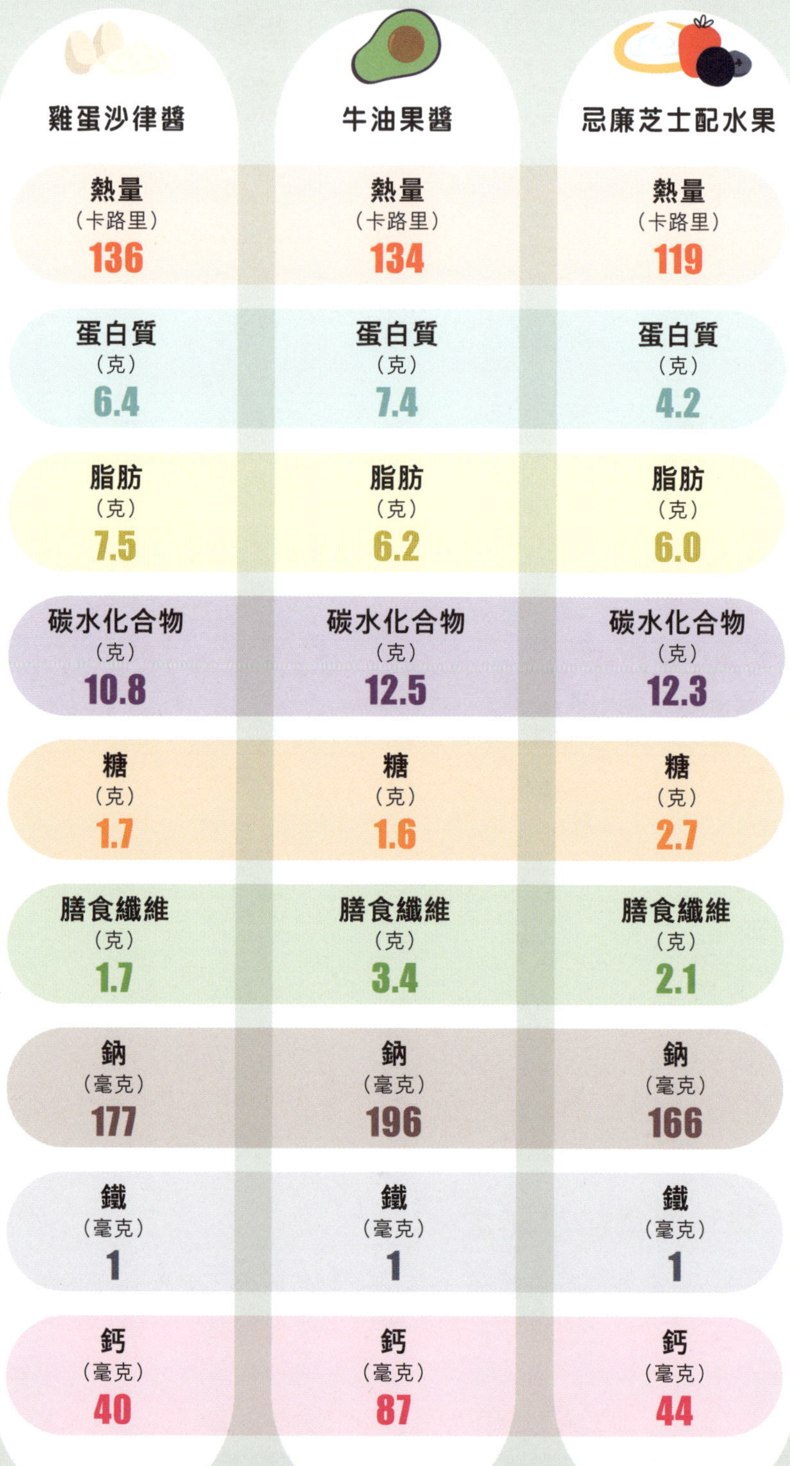

	雞蛋沙律醬	牛油果醬	忌廉芝士配水果
熱量（卡路里）	136	134	119
蛋白質（克）	6.4	7.4	4.2
脂肪（克）	7.5	6.2	6.0
碳水化合物（克）	10.8	12.5	12.3
糖（克）	1.7	1.6	2.7
膳食纖維（克）	1.7	3.4	2.1
鈉（毫克）	177	196	166
鐵（毫克）	1	1	1
鈣（毫克）	40	87	44

輕食 Finger food

韓式紫菜飯波

- 食物變身法
- 適合 9-12 個月大或以上

準備時間
15 分鐘

烹調時間
15 分鐘

工具
食物處理器、易潔鑊

材料（2份，共8個）

- 日本或韓國短米飯 1 碗（180 克）
- 翠玉瓜及甘筍 1/2 杯（各 30 克）
- 麻油 1.5 茶匙（8 克）
- 紫菜碎 2 克

牛肉餡

- 牛肉碎或薄牛肉片 80 克
- 油 1 茶匙（5 克，用作炒牛肉）

三文魚餡

- 三文魚柳或罐裝三文魚 80 克
- 油 1 茶匙（5 克，用作煎三文魚）
- 全脂日本沙律醬 1 茶匙

做法

1. 牛肉炒熟備用；三文魚柳煎熟，弄散，混入沙律醬備用。
2. 翠玉瓜及甘筍放入食物處理器打碎（如沒有食物處理器，可用刀切碎）。
3. 易潔鑊塗抹少許油加熱，加入翠玉瓜碎及甘筍碎炒熟。
4. 翠玉瓜碎、甘筍碎及白飯拌勻，加入麻油及紫菜碎，混合成菜飯。
5. 取出菜飯 1 湯匙，放在保鮮紙，加入三文魚碎或牛肉碎 1-2 茶匙，再鋪上菜飯 1 湯匙，包起保鮮紙，將菜飯壓成球狀成迷你飯波。

兒科營養師小貼士

- 孩子沒有興趣吃飯？不妨嘗試製作飯波，混合蔬菜碎、紫菜碎及肉碎，營養均衡，孩子自己拿自己吃，特別有滿足感。
- 牛肉含豐富蛋白質及鐵質，來自肉類的鐵質較容易吸收。
- 紫菜含豐富碘質，有助神經及腦部發育，且含獨特的鮮味（umami），味道特別吸引孩子。
- 可選擇急凍三文魚柳，通常沒有細骨，或選擇罐裝三文魚，同樣含豐富奧米加三脂肪酸。
- 一歲以上幼兒的咀嚼能力較高，飯波可以混入切細的薄牛肉片取代肉碎。

食物營養素（按3個計算）

	牛肉餡	三文魚餡
熱量（卡路里）	228	273
蛋白質（克）	11.2	10.9
脂肪（克）	9.1	14.2
碳水化合物（克）	25.3	25.4
糖（克）	1.1	1.1
膳食纖維（克）	0.8	0.8
鈉（毫克）	36	52
鐵（毫克）	2	2
鈣（毫克）	24	19

成功要訣

- 日本米或韓國米飯屬於短米，黏性較高，較容易做成飯波；由於米飯黏手，用保鮮紙協助製作飯波，就簡單易做得多了。

輕食 Finger food

法式蔬菜果凍

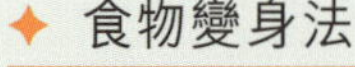

- 食物變身法
- 適合 2 4 個月大或以上

準備時間

15-20 分鐘

冷藏時間

120 分鐘

工具

蛋糕矽膠模具

材料（4-5 件蔬菜果凍）

- 魚膠粉 12 克
- 清湯 175 毫升
- 細蘆筍 2 條（25 克）
- 粟米芯 2 條（25 克）
- 秋葵 2 條（23 克）
- 蟹柳 2 條（20 克）
- 小帶子 2 粒（15 克）

兒科營養師小貼士

- 很多孩子都喜歡吃啫喱！如孩子不喜歡吃蔬菜或喝湯，將它們變身成果凍絕對是一個好方法。家中任何湯水，都可運用這個方法變成果凍。即使孩子平常很少接觸的蔬菜，如蘆筍或秋葵等，只要成為果凍一部分，感覺就變得不一樣了。

做法

1. 蘆筍削去硬皮；蘆筍、粟米芯及秋葵切段，焓約 5 分鐘，瀝乾水分。
2. 帶子打橫切半，與蟹柳焓數分鐘至熟，瀝乾水分。
3. 魚膠粉與熱水 25 毫升拌溶，攪拌成魚膠粉液，加入暖清湯 175 毫升拌勻。
4. 矽膠模具內掃上油，放入蔬菜段、蟹柳及帶子排好，倒入已添加魚膠粉溶液的清湯，放入雪櫃冷藏 2 小時，即成蔬菜果凍。

成功要訣

- 用蛋糕矽膠模具製作果凍，較容易脫模。如沒有矽膠模具，可用金屬模具並鋪上保鮮紙，放入材料及清湯冷藏，果凍成型後解開保鮮紙即可。

食物營養素

（按蔬菜果凍 1 件計算）

熱量（卡路里）	蛋白質（克）	脂肪（克）	碳水化合物（克）	糖（克）	膳食纖維（克）	鈉（毫克）	鐵（毫克）	鈣（毫克）
30	4.7	0.4	2.0	0.7	0.6	236	1	20

輕食 Finger food

番薯薄餅

✦ 食物隱藏法

✦ 適合 12 個月大或以上

準備時間

15 分鐘

烹調時間

15 分鐘

工具

壓薯蓉器 / 叉子、擀麵棍、焗爐 / 氣炸鍋

（直徑 13 厘米薄餅 4 件或直徑 8 厘米迷你薄餅 7 件）

- 小番薯 2 個，去皮切粒（200 克）
- 自發粉（self-raising flour）190 克
- 茄膏 15 克（水 25 克拌勻）
- 意式乾香草少量
- 芝士碎 48 克（車打芝士或馬蘇里拉 grated cheddar or mozzarella cheese）
- 黃色燈籠椒 8 條（40 克）
- 車厘茄 4 顆，切半（65 克）
- 火腿 / 蟹柳 / 雞肉絲 / 吞拿魚肉 80 克

做法

1. 焗爐預熱至 180℃（或氣炸鍋 160℃）。
2. 番薯粒蒸熟，用壓薯蓉器或叉子壓成番薯蓉，加入自發粉搓成番薯麵糰。
3. 桌面及擀麵棍撲上麵粉，用擀麵棍壓扁麵糰，做成 4-6 個薄餅底。
4. 意式乾香草撒入茄膏拌勻，製成自家製薄餅醬。
5. 在番薯薄餅上，塗抹茄膏薄餅醬、車厘茄、燈籠椒條、火腿 / 蟹柳 / 雞肉絲 / 吞拿魚肉及芝士碎。
6. 薄餅放入焗爐以 180℃焗 25 至 30 分鐘（如用氣炸鍋，用 160℃焗 8 分鐘，提升溫度至 180℃再焗 2 分鐘），立即享用！

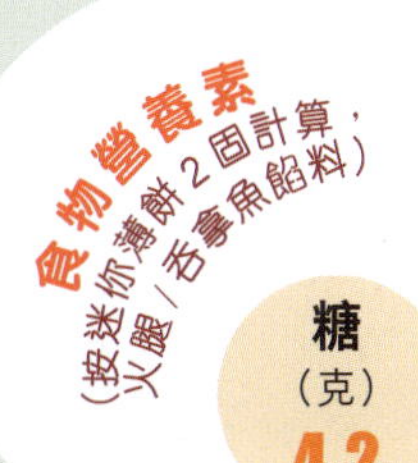

熱量（卡路里）	蛋白質（克）	脂肪（克）	碳水化合物（克）
338	14.9	6.5	53.8

糖（克）	膳食纖維（克）	鈉（毫克）	鐵（毫克）	鈣（毫克）
4.2	3.3	261	2	129

成功要訣

- 如番薯麵糰太乾，可加少許水拌勻；如麵糰太濕，可加少許麵粉拌和。

兒科營養師小貼士

- 哪個孩子不喜歡吃薄餅？隱藏番薯的薄餅底帶有淡淡香甜味，孩子尤其喜歡。我的孩子經常嚷着要吃這個番薯薄餅呢！不妨讓孩子參與薄餅製作過程，由做薄餅底，直至在薄餅加上喜歡的食材，實行讓孩子自己做、自己拿、自己吃，享受整個過程。

手指食 Finger food

蔬菜薯條

✦ 食物變身法

✦ 適合 9 個月大或以上

準備時間

20
分鐘

烹調時間

10-20
分鐘

工具

壓薯蓉器 / 叉子、保鮮紙、擀麵棍、刀、焗爐 / 氣炸鍋

材料 (2份)

- 馬鈴薯仔 1 個（中型，200 克）
- 甘筍 1/5 條（20 克）
- 乾番茜（dried parsley）少量
- 油 1 茶匙（5 克）
- 麵粉 3.5 湯匙（35 克）
- 鹽或胡椒粉少量（如需要）

成功要訣

- 建議馬鈴薯不要切得太幼，否則較難做出薯條形狀。較粗身薯條除了較易造型，吃起來也外脆內軟。

做法

1. 預熱焗爐或氣炸鍋至 180℃。
2. 馬鈴薯切細件，烚熟備用；甘筍烚熟，切成極細粒。
3. 馬鈴薯用壓薯器或叉子壓成薯蓉，加入油、甘筍粒及乾番茜拌勻，逐少加入麵粉，搓成麵糰狀。
4. 將麵糰放在保鮮紙用擀麵棍壓成 1/2 厘米厚，打開保鮮紙，將麵糰切成長條狀，用刀做出長方柱體形狀。
5. 在焗盤塗抹油，放上蔬菜薯條，焗 15-20 分鐘至金黃色（如用氣炸鍋，焗 10-12 分鐘即可）。

食物營養素
（1份計算）

熱量（卡路里）	153
蛋白質（克）	14.7
脂肪（克）	2.8
碳水化合物（克）	27.1
糖（克）	1.1
膳食纖維（克）	1.9
鈉（毫克）	10
鐵（毫克）	1
鈣（毫克）	10

兒科營養師小貼士

- 孩子都喜歡吃薯條，這個自家製蔬菜薯條，真正選用馬鈴薯製作，混入甘筍粒及乾番茜等蔬菜，吃起來帶點天然甜味，不經油炸，健康滿分！吃薯條時蘸少許茄汁或沙律醬，更具風味。

主菜

萬用肉醬

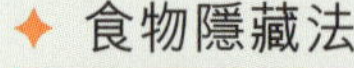

- 食物隱藏法
- 可冷藏食用
- 適合 12 個月大或以上

準備時間

15 分鐘

烹調時間

30 分鐘

工具

食物處理器、易潔鑊

材料 （4-6 人分量）

- 西芹 1 條（40 克）
- 甘筍 1 條（大，170 克）
- 洋葱 1 個（180 克）
- 蒜頭 2 瓣（6 克）
- 植物油 50 克
- 豬肉碎 250 克
- 牛肉碎 250 克

香料

- 乾香葉（bay leaf）1 片
- 蔬菜湯粒 1 粒（10 克）
- 黑胡椒少量（如需要）
- 乾牛至（dried oregano）1 茶匙

調味料

- 紅酒 50 克（或水）
- 茄膏 2 湯匙（35 克）
- 茄汁 2 湯匙（35 克）
- 罐裝番茄蓉 1 罐（400 克）

做法

1. 西芹、甘筍、洋葱及蒜頭放入食物處理器，打碎。
2. 植物油放入易潔鑊，用中火加熱，加入蔬菜碎炒數分鐘至軟身。
3. 加入豬肉碎、牛肉碎、香葉、蔬菜湯粒、乾牛至、紅酒（或水），多炒數分鐘至拌和。
4. 最後加入茄膏、茄汁及罐裝番茄蓉，用中小火煮 25 分鐘，期間定時攪拌，即成！

成功要訣

- 一邊煮一邊攪拌，有助能夠將蔬菜及肉類隱藏起來，肉醬吃起來就像醬汁一樣。

食物營養素
（按1份計算）

營養素	份量
熱量（卡路里）	212
蛋白質（克）	24.0
脂肪（克）	6.0
碳水化合物（克）	17.2
糖（克）	6.0
膳食纖維（克）	3.8
鈉（毫克）	431
鐵（毫克）	3
鈣（毫克）	68

兒科營養師小貼士 

- 自製肉醬，毋須再用預製意粉醬了！這食譜是我孩子其中一個最喜歡的美食，隱藏多種蔬菜及肉類，無論配飯及煎蛋、肉醬意粉，還是肉醬薯蓉，孩子都能吃光光。我通常額外多放幾棵西蘭花或荷蘭豆，讓孩子接觸不同質地的蔬菜。
- 罐裝番茄蓉是其中一個有營養的罐頭蔬菜，食譜的油分有助當中脂溶性抗氧化劑茄紅素吸收。
- 牛肉及豬肉屬於紅肉，含豐富鐵及鋅，有助孩子認知發展及維持良好免疫力。建議一星期最少五餐進食紅肉，作為均衡飲食的一部分。

主菜

西蘭花雞寶

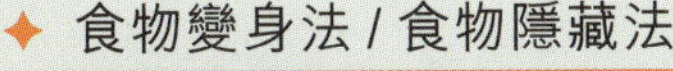

- 食物變身法 / 食物隱藏法
- 可冷藏食用
- 適合 9 個月大或以上

準備時間

15 分鐘

烹調時間

20 分鐘

工具

叉子、大碗、易潔鑊

材料（12 件）

- 西蘭花 6 小棵（90 克）
- 免治雞肉 150 克
- 麵包糠 1/4 杯（30 克）
- 蒜粉 1/4 茶匙（3 克）
- 車打芝士碎（grated cheddar cheese）80 克
- 雞蛋 1 個（50 克）
- 油 1 茶匙（5 克，用作煎雞寶）

檸檬乳酪醬（拌勻）

- 全脂純希臘乳酪 2 湯匙（30 克）
- 檸檬汁 1 茶匙
- 檸檬皮少許（5 克）
- 鹽少許（如需要）

成功要訣

- 雙手沾濕後，容易做成雞寶形狀，以免黏手。
- 緊記用中小火煎，才能呈現金黃色澤。
- 如家中有焗爐或氣炸鍋，可以烘焗代替香煎。

做法

1. 西蘭花烚熟或蒸熟，用叉子壓成蓉。
2. 西蘭花蓉及其他材料放入大碗內，攪拌混合。
3. 雙手沾濕，將材料捏成圓餅，約製成 12 件。
4. 易潔鑊加熱油 1 茶匙，放入雞寶用中小火煎至兩邊金黃色，享用時伴檸檬乳酪醬。

兒科營養師小貼士

- 這是另一個我家孩子很喜歡的食譜！他們說：「西蘭花完全吃不出來！」雞寶含有蛋白質豐富的材料，包括雞肉、雞蛋及芝士。芝士及希臘乳酪均含豐富蛋白質及鈣質，運用希臘乳酪製作醬汁，營養滿分，灑少許檸檬汁帶點清新的感覺。

食物營養素

三件雞寶	檸檬乳酪醬
熱量（卡路里）201	熱量（卡路里）31
蛋白質（克）14.9	蛋白質（克）2.7
脂肪（克）12.6	脂肪（克）1.5
碳水化合物（克）3.5	碳水化合物（克）1.7
糖（克）0.9	糖（克）1.3
膳食纖維（克）1.0	膳食纖維（克）0.1
鈉（毫克）221	鈉（毫克）11
鐵（毫克）1	鐵（毫克）0
鈣（毫克）174	鈣（毫克）32

主菜

芝心漢堡

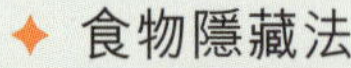

- 食物隱藏法
- 可冷藏食用
- 適合 12 個月大或以上

準備時間

15
分鐘

烹調時間

15
分鐘

工具

易潔鑊

材料 （10 個迷你漢堡）

- 免治牛肉 200 克
- 免治羊肉 200 克
- 麵包糠 25 克
- 雞蛋 1 個（50 克）
- 植物油 2 湯匙（30 克）
- 清水 1-2 湯匙
- 芝士 1 片（切成 9 小片）
- 油 1 茶匙（5 克，用作煎漢堡）

調味料

- 喼汁 1 湯匙（15 克）
- 茄汁 1 湯匙（17 克）
- 黑胡椒碎少許

配料

- 迷你漢堡包 10 個（或切成 4 塊的去皮多士）
- 青瓜片適量
- 原裝芝士適量（切成 4 小片）

做法

1. 在大碗內，放入肉類、雞蛋、麵包糠、調味料及植物油混合，逐少加入 1-2 湯匙清水，攪拌至水分完全吸收。
2. 舀一湯匙肉量，壓平，放上芝士小片，再放上另一湯匙肉量，沾濕雙手，按壓肉餅成迷你漢堡，重複此步驟直至材料完成。
3. 易潔鑊加熱油 1 茶匙，放入漢堡用中小火煎至兩面金黃色。
4. 迷你漢堡包或多士、青瓜片、芝士片及漢堡，拼砌成迷你漢堡包享用。

成功要訣

- 要令任何免治肉餅充滿肉汁，除了醃肉時下油、雞蛋及麵包糠（其他或用麵粉或粟粉），最重要是加添少許水，讓肉餅充分吸收，肉餅帶有豐富肉汁。此食譜加上芝士於肉餅當中，讓肉餅有流心芝士的效果！

食物營養素
（按 2 個計算）

熱量（卡路里）	297
蛋白質（克）	23.2
脂肪（克）	16.8
碳水化合物（克）	18.9
糖（克）	3.0
膳食纖維（克）	0.9
鈉（毫克）	484
鐵（毫克）	3
鈣（毫克）	127

兒科營養師小貼士

- 羊肉帶有獨特味道，將羊肉混合牛肉製成肉餅，孩子接受程度較高，選擇瘦羊肉有助減少肉羶味。羊肉含有豐富的蛋白質、鐵、鋅及硒，有助認知發展、皮膚健康及維持免疫力。

主菜

乳酪咖喱雞伴薄餅

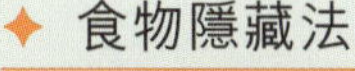

- 食物隱藏法
- 可冷藏食用
- 適合 12-18 個月大或以上

準備時間	烹調時間	工具
20 分鐘	15 分鐘	易潔鑊

材料（2-4 人分量）

- 雞髀肉 120 克
- 甜青椒 3 湯匙（30 克）
- 茄子 4 湯匙（20 克）
- 葱大半湯匙（5 克）
- 蒜頭 1 瓣（3 克）
- 全脂純希臘乳酪 100 克
- 罐裝番茄蓉 100 克
- 茄膏 2 克
- 咖喱粉 2 克
- 植物油 1.5 茶匙（8 克）
- 水適量（調至合適稠度）
- 全麥薄餅或彼得包 2 片

調味料

- 糖 1 茶匙（4 克）
- 鹽 1/8 茶匙（0.6 克）
（一歲或以上可用）

做法

1. 甜青椒及茄子切成丁；葱及蒜頭切碎；雞髀肉切細件。
2. 易潔鑊燒熱植物油，放入雞髀肉用中火煎香兩面，下蒜蓉、葱碎、茄子、甜青椒及咖喱粉，炒香。
3. 加入茄膏罐裝番茄蓉及希臘乳酪，灑入鹽和糖調味，轉小火煮 10 分鐘成咖喱汁（需要時可加適量水），煮至合適濃稠度。
4. 全麥薄餅或彼得包剪成小三角形，伴咖喱同吃。

成功要訣

- 茄子及青椒切丁，放入咖喱煮腍，有助隱藏蔬菜在咖喱中。

兒科營養師小貼士

- 除了孩子喜歡的日本咖喱，選用咖喱粉也是另一選擇。咖喱粉由多種香料組成，含豐富抗氧化劑，大部分咖喱粉味道溫和，加入希臘乳酪烹調成咖喱汁，味道適合幼兒，還含豐富蛋白質及鈣質。此外，咖喱顏色有助隱藏青椒、茄子、菠菜及蘑菇等顏色較深的蔬菜。可用椰汁或忌廉取代乳酪煮咖喱，都是孩子容易接受的味道。

食物營養素
（按 1 份計算）

熱量（卡路里）	341
蛋白質（克）	16.8
脂肪（克）	15.7
碳水化合物（克）	32.8
糖（克）	4.5
膳食纖維（克）	3.9
鈉（毫克）	297
鐵（毫克）	2
鈣（毫克）	223

主菜

茶碗蒸

- 食物隱藏法
- 適合 6 個月大或以上
  （豆腐蒸水蛋，不加蝦）
- 適合 12-18 個月大或以上
  （小蝦先剪細）

準備時間
10
分鐘

烹調時間
13
分鐘

工具
日式蒸碗、蒸架、蒸鍋

材料

（1 人分量）

- 雞蛋 1 個（50 克）
- 小蝦 2 隻（10 克）
- 滑豆腐 1 小塊（30 克）
- 清水 75 毫升
- 鹽少許

做法

1. 雞蛋打成蛋液，加入清水及鹽拌勻備用。
2. 將一隻小蝦及滑豆腐放入日式蒸碗，倒入蛋液，用錫紙蓋着。
3. 蒸鍋燒滾水，轉至中火，隔水蒸蛋 13 分鐘即成，最後可加少許豆腐及熟蝦在蒸蛋上裝飾。

成功要訣

- 蒸水蛋要嫩滑，水和蛋液的比例是 1.5:1，以一個中型雞蛋 50 克計，可加水 75 毫升。
- 蒸蛋時用錫紙蓋着，用中小火蒸約 13 分鐘，留意以上兩個要點就一定成功。

兒科營養師小貼士

- 雞蛋是最多變化的食材，其中蒸蛋特別受孩子喜愛，將質地相近的豆腐混入蒸蛋，能隱藏豆腐，而且兩者含豐富蛋白質，豆腐蒸水蛋適合六個月大嬰幼兒食用。
- 想增加口感，將蝦同時放入蒸蛋內，一道餸就蘊含三種蛋白質豐富的食物。蝦肉質地較韌，緊記先剪細才給幼兒食用。

食物營養素
（按 1 份計算）

熱量（卡路里）	100
蛋白質（克）	10.3
脂肪（克）	6.3
碳水化合物（克）	1.0
糖（克）	0.6
膳食纖維（克）	0.1
鈉（毫克）	398
鐵（毫克）	1
鈣（毫克）	65

主菜

菜心淮山蝦餅

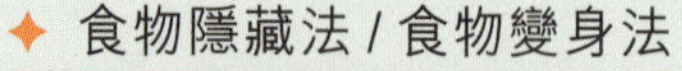

✦ 食物隱藏法 / 食物變身法

✦ 可冷藏食用

✦ 適合 9 個月大或以上

準備時間

20 分鐘

烹調時間

15 分鐘

工具

菜刀、砧板、大碗、易潔鑊

材料 （4 件）

- 蝦 150 克（新鮮或急凍）
- 菜心 1 棵（20 克）
- 新鮮淮山 1 小段（40 克）
- 粟粉 1 茶匙（2.5 克）（撲上蝦餅）
- 油 1 茶匙（5 克，用作煎蝦餅）

調味料

- 鹽 1/4 茶匙（0.6 克）
- 粟粉 1 茶匙（2.5 克）
- 胡椒粉少許

做法

1. 菜心焓軟，切細粒；淮山切細粒，備用。
2. 蝦放在砧板上，用菜刀大力拍扁，再剁成蓉。
3. 蝦蓉、鹽、粟粉及胡椒粉放在大碗內，用筷子順時針方向攪動，直至起膠成蝦滑。
4. 將菜心粒及淮山粒加入蝦滑，沾濕雙手，做出蝦餅狀，兩面撲上少許粟粉。
5. 易潔鑊燒熱油 1 茶匙，放入蝦餅用中小火煎至兩面金黃色，即成。

成功要訣

- 冰凍的蝦肉較易起膠，可將去殼的鮮蝦放入冰格 30 分鐘才打成蝦滑，或直接用急凍蝦，解凍後打成蝦滑。
- 新鮮淮山帶黏液，可帶手套處理，以防黏液令皮膚痕癢。

食物營養素
（按 2 件計算）

營養素	數值
熱量（卡路里）	136
蛋白質（克）	15.8
脂肪（克）	3.9
碳水化合物（克）	8.6
糖（克）	0.1
膳食纖維（克）	1.0
鈉（毫克）	232
鐵（毫克）	2
鈣（毫克）	53

兒科營養師小貼士

- 蝦肉含豐富蛋白質，以及維持免疫力的礦物質硒、碘及鋅。根據近年的食物敏感指引，容易致敏的食物包括蝦，可以早至六個月大開始給幼兒，如沒有敏感反應，可讓孩子定時進食，有助減低將來食物敏感的機會。
- 並非每位孩子都喜歡淮山黏滑的質地，將淮山混入肉餅或蝦餅就好。

主菜

番薯魚麵

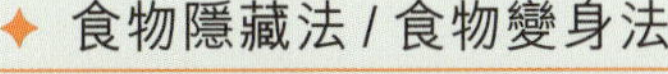

✦ 食物隱藏法 / 食物變身法

✦ 適合 18 個月大或以上

準備時間

100 分鐘

烹調時間

20 分鐘

工具

叉子、廚師機 / 食物處理器

材料（4 人分量）

- 白魚柳（如鱈魚、龍脷、鯰魚、巴沙魚）2 塊（250 克）
- 番薯肉 20 克
- 麵粉或木薯粉 30 克
- 泡打粉（baking powder）4 克

調味料

- 鹽 3 克
- 胡椒粉少許
- 魚露 5 克
- 大地魚粉 1 茶匙（如有）

做法

1. 番薯蒸熟，用叉子壓成蓉，冷卻備用。
2. 魚肉放入冰格冷凍約 1 小時，放入廚師機攪碎，灑入鹽攪拌 2 分鐘至起膠，加入其他材料及番薯蓉，攪拌 1 分鐘拌勻。
3. 魚肉蓉用保鮮紙包好，冷藏半小時。
4. 魚肉蓉放在擠花袋，擠在 75℃ 熱水內待 12 分鐘，浸泡冰水冷卻。
5. 享用魚麵時，必須煮至沸騰，吃不完的可存放冰格保存。

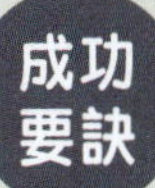

- 製作魚麵的原理和製作，與魚蛋一樣，在製作過程期間必須保持魚肉冷凍，才有彈牙的效果。運用攪拌機或食物處理器攪拌或會產生熱力，較難令魚肉保持冷凍。另一方法，將所有材料先用攪拌機拌勻，再冷卻魚肉 1 小時，用手打法手打魚肉數十次至起膠，最後用相同方法製作魚麵。

兒科營養師小貼士

- 如果孩子完全不肯吃魚，把魚肉變身成魚麵，孩子接受程度立即大增，尤其是喜歡吃麵條的孩子。不同種類的白魚含豐富蛋白質、硒、碘及奧米加三脂肪酸，建議孩子一星期吃魚 2-3 次，作為均衡飲食的一部分。

食物營養素
（按 1 份計算）

營養素	數值
熱量（卡路里）	100
蛋白質（克）	10.3
脂肪（克）	6.3
碳水化合物（克）	1.0
糖（克）	0.6
膳食纖維（克）	0.1
鈉（毫克）	398
鐵（毫克）	1
鈣（毫克）	65

主菜

芝士通粉

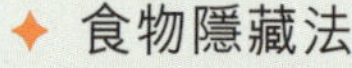

- 食物隱藏法
- 適合 9-12 個月大或以上

準備時間
15
分鐘

烹調時間
15
分鐘

工具
叉子 / 食物處理器、不鏽鋼鍋、手動打蛋器

材料（2-4 人分量）

- 意粉 100 克（通粉形狀）
- 細椰菜花 1/2 個（100 克，約 5-6 小棵）或細甘筍 2 條（100 克）或南瓜粒 1 杯（100 克）
- 牛油 20 克
- 麵粉 2 湯匙（20 克）
- 全脂純牛奶 250 毫升
- 車打芝士碎（grated cheddar cheese）40 克
- 鹽 1/8 茶匙（如需要）

兒科營養師小貼士

- 芝士通粉是其中一個幼兒高熱量、高蛋白質食譜，牛奶及芝士含豐富蛋白質及鈣質。
- 白汁本身有助隱藏顏色相近的蔬菜，如椰菜花、甘筍或南瓜，讓孩子接觸不同味道的蔬菜。

做法

1. 按意粉包裝的時間指示，意粉放入滾水烚熟，同時放入椰菜花烚熟，瀝乾水分。
2. 椰菜花用叉子壓成蓉（或放入食物處理器打成蓉）。
3. 牛油放入鍋內煮溶，灑入麵粉及少許牛奶，煮成麵撈。
4. 一邊加入牛奶，一邊用手動打蛋器快速攪拌，將麵撈及牛奶拌勻，煮成白汁，下芝士拌煮，最後加入椰菜花蓉及意粉，即成。

成功要訣

- 椰菜花蓉混入芝士汁，成功隱藏蔬菜。如想吃起來有口感，椰菜花不用壓得太幼滑，留有少許粒粒。

食物營養素（按 1 份計算）

熱量（卡路里）	蛋白質（克）	脂肪（克）	碳水化合物（克）	糖（克）	膳食纖維（克）	鈉（毫克）	鐵（毫克）	鈣（毫克）
309	11.7	13.2	35.8	6.0	1.9	169	1	207

主菜

香橙蜂蜜鴨肉

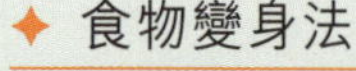

- 食物變身法
- 適合 18 個月大或以上

準備時間
10 分鐘

烹調時間
5-10 分鐘

工具
易潔鑊

材料（4 人分量）

- 燒鴨肉 200 克
- 燈籠椒 200 克
- 油 2 茶匙（10 克，用作炒）

香橙蜂蜜汁

- 鮮榨橙汁 3/4 杯（180 毫升）
- 生抽 1 湯匙（15 克）
- 米醋 1 湯匙（15 克）
- 蜜糖 1 湯匙（20 克）
- 蒜頭 3 瓣（9 克）
- 薑蓉 1 茶匙（5 克）
- 橙皮 2 茶匙（4 克）

獻汁及裝飾

- 粟粉 2 茶匙(6 克，與水 2 茶匙調勻)
- 炒香黑白芝麻 1 茶匙（3 克）

成功要訣

- 如家中沒有鮮榨橙汁，市售的盒裝鮮橙汁亦可，緊記選擇無額外加糖的純果汁。

做法

1. 燒鴨肉切絲；燈籠椒切條；香橙蜂蜜汁混合，備用。
2. 易潔鑊燒熱油 2 茶匙，放入燒鴨肉及燈籠椒用中火炒香，倒入香橙蜂蜜汁，快炒 1-2 分鐘，下粟粉水打獻，最後撒上黑白芝麻。

兒科營養師小貼士

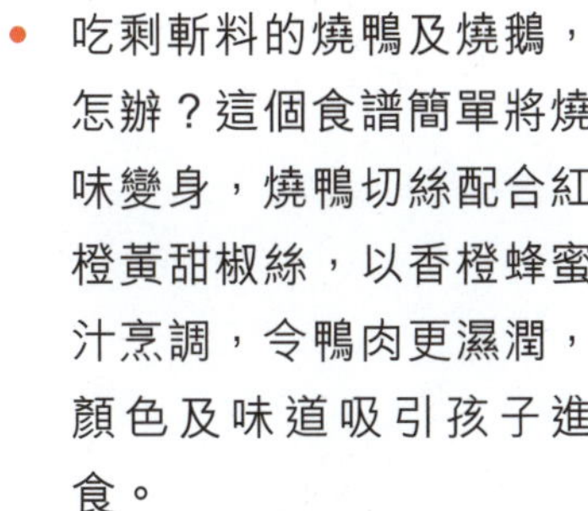
- 吃剩斬料的燒鴨及燒鵝，怎辦？這個食譜簡單將燒味變身，燒鴨切絲配合紅橙黃甜椒絲，以香橙蜂蜜汁烹調，令鴨肉更濕潤，顏色及味道吸引孩子進食。
- 鴨肉所含豐富蛋白質，鐵質及鋅比雞肉高；燈籠椒含維他命 C，運用快炒方法可減少因高溫而令維他命 C 流失。

食物營養素（按 1 份計算）

熱量（卡路里）	蛋白質（克）	脂肪（克）	碳水化合物（克）	糖（克）	膳食纖維（克）	鈉（毫克）	鐵（毫克）	鈣（毫克）
228	12.9	14.0	13.5	8.7	1.2	408	2	43

主菜

青紅蘿蔔雪梨牛腱湯

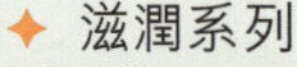

- 滋潤系列
- 適合 12 個月大或以上

準備時間

15 分鐘

烹調時間

30-90 分鐘

工具

大鍋、壓力煲

材料

(8 人分量)

- 牛腱 1 條 (480 克)
- 紅蘿蔔 1 個
- 青蘿蔔 1 個
- 白蘿蔔 1 個
- 雪梨 1 個
- 清水 1.5 公升
- 鹽 1 茶匙 (或按口味調整)

做法

1. 蘿蔔去皮、切件;雪梨切件備用。
2. 牛腱去除筋膜,切成片,備用。
3. 大鍋內放入冷凍水,下牛腱片用大火煮至血水和雜質浮面,盛起沖淨,瀝乾水分。
4. 將所有材料和水 (鹽除外),放入壓力煲煮約 25 分鐘 (或選擇煲湯模式),放壓 5-10 分鐘,灑入鹽調味即成。

成功要訣

- 牛腱先飛水,令湯水更清澈。
- 如家裏沒有壓力煲,可如常用大鍋煮約 1.5 小時,直至牛腱軟身。

兒科營養師小貼士

- 壓力煲可説是繁忙媽媽必備的煮食爐具,有助肉類如牛腱、牛腩或牛尾於短時間煮腍,孩子更願意進食。
- 緊記只喝湯並不能攝取湯料的營養,建議吃湯料如肉類及蔬菜,以攝取蛋白質及膳食纖維等營養素。
- 如家中有剛開始加固的寶寶,煲湯的紅蘿蔔質地夠軟,適合作為手指食物,緊記切成長條形讓寶寶容易拿取。

食物營養素
(按 1 份湯計算)

營養素	數值
熱量 (卡路里)	94
蛋白質 (克)	12.3
脂肪 (克)	1.8
碳水化合物 (克)	6.8
糖 (克)	1.6
膳食纖維 (克)	1.4
鈉 (毫克)	332
鐵 (毫克)	1
鈣 (毫克)	33

親子共食

粟米肉粒飯

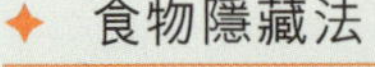

✦ 食物隱藏法

✦ 適合 12-18 個月大或以上

準備時間

10
分鐘

烹調時間

20-30
分鐘

工具

易潔鑊

材料（6 人分量）

豬肉醃料

- 梅頭瘦肉 300 克
- 生抽 2 茶匙（10 克）
- 鹽 1/8 茶匙
- 糖 1 茶匙（4 克）
- 麻油 1 茶匙（5 克）
- 油 1 茶匙（5 克）
- 粟粉 1.5 茶匙（5 克）

粟米汁料

- 粟米粒 1 罐（420 克）
- 清雞湯 500 毫升
- 清水 50 毫升
- 鹽 1/8 茶匙
- 糖 1 湯匙（13 克）
- 粟粉 20 克（與水 20 毫升拌勻，打獻用）
- 雞蛋 3 個（150 克）
- 油 2 茶匙（10 克，用作炒豬肉）

做法

1. 豬肉切成小粒，加入醃料拌勻，備用。
2. 罐裝粟米瀝乾水分；雞蛋打勻成蛋液，備用。
3. 易潔鑊燒熱油 2 茶匙，放入肉粒炒熟，倒入粟米粒、雞湯及清水煮滾，加入鹽及糖調味，粟粉獻分次加入，攪拌至稠，煮滾。
4. 一邊倒入蛋液，一邊順時針方向攪動，使蛋液均勻散開，將粟米肉粒汁淋在白飯，即成。

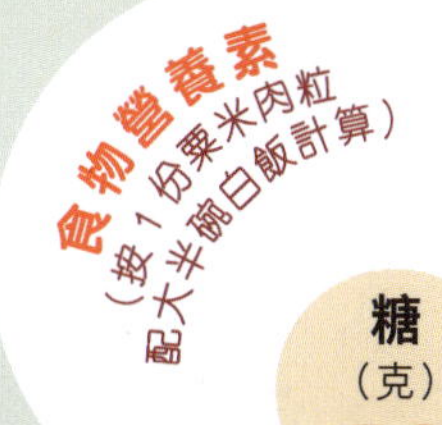

熱量（卡路里）	蛋白質（克）	脂肪（克）	碳水化合物（克）
369	17.5	8.8	54.3

糖（克）	膳食纖維（克）	鈉（毫克）	鐵（毫克）	鈣（毫克）
5.2	2.6	573	2	30

成功要訣

- 想口感更佳，可用新鮮粟米 2 條，以叉子取出粟米粒烹調。如想方便，罐裝、盒裝或急凍粟米同是有營養的選擇。

兒科營養師小貼士

- 粟米味道清甜，受很多孩子喜愛，含豐富澱粉質及膳食纖維。
- 自家製粟米肉粒汁隱藏蛋花，營養價值更高。
- 梅頭豬肉的肉質較腍，切成小粒混入粟米汁，孩子較容易接受。

親子共食

電飯煲三文魚炊飯

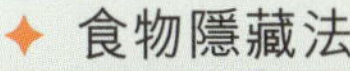

- 食物隱藏法
- 快開飯系列
- 適合 18-24 個月大或以上

準備時間	烹調時間	工具
5-10 分鐘	30 分鐘	電飯煲

材料（6 人分量）

- 三文魚柳 2 塊（250 克）
- 白米 2 量米杯（300 克）
- 藜麥 3 湯匙（30 克）
- 白蘑菇 200 克
- 日本乾海帶 1 湯匙（5 克）
- 毛豆仁（edamame beans）150 克
- 油 2 茶匙（10 克）
- 清水 600 毫升

調味料

- 日本鰹魚粉 1 包（4 克）
- 味醂 1.5 湯匙（23 克）
- 日本豉油 1 湯匙（15 克）
- 黑胡椒碎少許（需要時）

做法

1. 白蘑菇洗淨、切片備用。
2. 米及藜麥放入電飯煲，用清水輕洗 2 次，瀝去米水。
3. 清水 600 毫升、鰹魚粉、油、味醂和日本豉油放入電飯煲內鍋，與米粒充分攪拌均勻。
4. 放入乾海帶、三文魚柳、蘑菇片及毛豆仁，按口味撒上黑胡椒碎調味，加蓋，啟動電飯煲快速煮飯模式。
5. 烹煮完成後，將鍋內食材拌勻，三文魚炊飯完成了！

成功要訣

- 所有材料放入電飯煲烹煮即成炊飯，簡單容易！白蘑菇可用新鮮冬菇、白玉菇或本菇代替，同樣美味。
- 毛豆仁可選擇急凍的，急凍蔬菜透過快速急凍過程，可減慢營養流失，故急凍蔬菜的營養價值往往比新鮮蔬菜更高。

兒科營養師小貼士

- 煮炊飯時，可嘗試在白米混入藜麥，可成功隱藏於材料中，亦為米飯增添口感。藜麥含豐富優質蛋白質，提供所有氨基酸。
- 毛豆是未成熟的大豆，除蛋白質外亦含豐富膳食纖維、維他命 K 及葉酸。
- 乾海帶及菇類帶有獨特鮮味，能夠吸引孩子進食。

食物營養素
（按 1 份計算）

營養素	份量
熱量（卡路里）	338
蛋白質（克）	16.1
脂肪（克）	9.0
碳水化合物（克）	46.9
糖（克）	2.4
膳食纖維（克）	2.0
鈉（毫克）	542
鐵（毫克）	1
鈣（毫克）	60

親子共食

青瓜肉絲麻醬伴烏冬

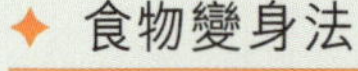

✦ 食物變身法
✦ 快開飯系列
✦ 適合 18 個月大或以上

準備時間
5
分鐘

烹調時間
10
分鐘

工具
小鍋

材料

（4人分量）

- 烏冬 3 個（600 克）
- 熟雞肉 120 克
- 熟牛肉片 120 克
- 青瓜 1/2 條（100 克）
- 炒香黑白芝麻 1 茶匙（3 克）
- 日本芝麻醬 2 湯匙（35 克）
- 麻油 2 茶匙（10 克）

做法

1. 燒滾水，放入烏冬煮熟，瀝乾水分，上碟。
2. 熟雞肉、熟牛肉片及青瓜切絲，放在烏冬上，撒上芝麻，淋上日本芝麻醬及麻油即成。

成功要訣

- 不想開爐煎炒？此食譜適合想快速開飯的家長。緊記家中常備烏冬、急凍火鍋牛肉片及近年興起的急凍慢煮雞胸肉，十數分鐘就可開飯！另一個選擇是，將吃不完的白切雞拆絲使用。

兒科營養師小貼士

- 烏冬深受孩子喜愛，粉麵、意粉及飯的熱量相若，不妨多些變化。此烏冬尤適合夏天食用，配合青瓜絲感覺清新。
- 芝麻營養價值豐富，含豐富單元不飽和脂肪酸及多種微量營養素。我家孩子特別喜歡日本芝麻醬，任何沾有芝麻醬的食物，一定吃清光。如孩子開始進食固體食物，嘗試芝麻後並沒有敏感反應（如麻油、純芝麻糊），可重複進食，減低將來食物敏感的機會。

食物營養素
（按 1 份計算）

營養素	份量
熱量（卡路里）	362
蛋白質（克）	22.8
脂肪（克）	10.2
碳水化合物（克）	43.8
糖（克）	0.8
膳食纖維（克）	3.3
鈉（毫克）	391
鐵（毫克）	2
鈣（毫克）	31

親子共食

白汁雞皇飯

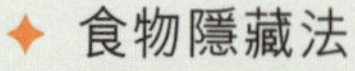

✦ 食物隱藏法

✦ 適合 12-18 個月大或以上

準備時間

10 分鐘

烹調時間

20-30 分鐘

工具

不鏽鋼鍋、手動打蛋器

材料

（4-6 人分量）

- 雞髀肉 400 克
- 中型馬鈴薯 1 個（200 克）
- 中型甘筍 1 條（100 克）
- 洋葱 1/2 個（50 克）
- 鹽 1/2 茶匙
- 黑胡椒碎少量

白汁

- 純牛奶 500 毫升
- 牛油 30 克
- 麵粉 3 湯匙（30 克）
- 鹽大半茶匙
- 黑胡椒碎少量

做法

1. 雞髀肉切細件，灑入鹽及黑胡椒碎略醃，備用。
2. 馬鈴薯及甘筍切細粒，烚至八成熟；洋葱切細粒，備用。
3. 鍋內加熱牛油至溶，放入麵粉及少許牛奶煮成麵撈，一邊加入牛奶，一邊用手動打蛋器快速攪拌，令麵撈及牛奶拌成白汁，灑入鹽及胡椒碎調味。
4. 雞髀肉、洋葱粒、馬鈴薯粒及甘筍粒加入白汁內煮熟，伴白飯享用。

成功要訣

- 馬鈴薯及甘筍切粒烚熟，可加快烹調時間。此飯的味道精髓來自洋葱及黑胡椒！如孩子覺得黑胡椒味道太辣，可以調整分量。

兒科營養師小貼士

- 用麵撈將牛奶煮成白汁，營養價值遠高於現成的白汁意粉醬，自製白汁含豐富蛋白質及鈣質。
- 雞髀肉的肉質較滑，孩子較容易接受；或用雜錦海鮮取代雞肉，如三文魚、青口或蜆肉，多元化的食物種類令營養攝取更全面。

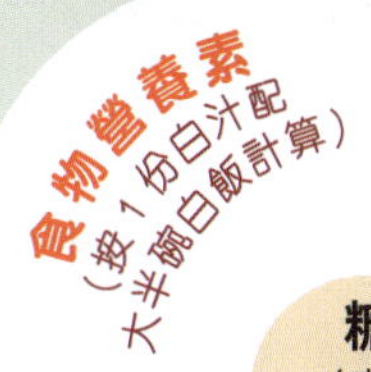

熱量（卡路里）	蛋白質（克）	脂肪（克）	碳水化合物（克）
468	27.1	18.4	51.8

糖（克）	膳食纖維（克）	鈉（毫克）	鐵（毫克）	鈣（毫克）
7.0	2.2	541	2	132

親子共食

一鍋到底
番茄滑蛋牛肉刀削麵

✦ 適合 18-24 個月大或以上

準備時間
5
分鐘

烹調時間
30
分鐘

工具
高身易潔鍋

材料
（4-6 人分量）

- 刀削麵 4 個（250 克）
- 火鍋牛肉片 200 克
- 雞蛋 3 個（150 克）
- 乾葱頭 1 個（15 克）
- 蒜頭 3 瓣（9 克）
- 罐裝番茄蓉 1 罐（400 克）
- 茄膏 2 茶匙（10 克）
- 油 1 湯匙（15 克）

調味料

- 生抽 2 茶匙（10 克）
- 糖 2 茶匙（8 克）
- 鹽 1/4 茶匙（1 克）

做法

1. 乾葱頭及蒜頭切成蓉，備用。
2. 燒滾水，刀削麵按包裝時間指示煮熟，瀝乾水分。
3. 在易潔鍋燒熱油，下蛋液炒成滑蛋。
4. 原鍋下少許油，放入乾葱蓉炒香，下蒜蓉炒 30 秒，加入番茄蓉、水 500 毫升及所有調味料，煮 5 至 10 分鐘至滾。
5. 放入牛肉片煮至剛熟，加入刀削麵，滑蛋放於麵即成。

成功要訣

- 用一個鍋就能煮成，減少使用其他廚具，更方便快捷。

兒科營養師小貼士

- 番茄湯是孩子喜歡的湯底，番茄帶有獨特鮮味，與牛肉特別搭配。
- 火鍋牛肉片較腍及易嚼，孩子的接受程度較高。
- 刀削麵質地幼滑，是烏冬及通粉之外，另一孩子歡迎的麵食。
- 雞蛋是快速加餸的選擇，孩子吃肉不多時，可煎蛋或炒蛋加餸，補充蛋白質等營養。

熱量（卡路里）	蛋白質（克）	脂肪（克）	碳水化合物（克）
356	19.9	9.5	49.3

糖（克）	膳食纖維（克）	鈉（毫克）	鐵（毫克）	鈣（毫克）
5.8	1.7	337	4	39

親子共食

一鍋意粉

忌廉汁鱈魚貝殼粉

✦ 適合 12 個月大或以上

準備時間
5
分鐘

烹調時間
25
分鐘

工具
高身
易潔鑊

材料（6 人分量）

- 鱈魚柳 2 塊（共 280 克）
- 貝殼粉 200 克
- 小棠菜 2 小棵（120 克）
- 鷹嘴豆（chickpeas）1/4 罐（100 克）
- 番茄蓉 1 罐（400 克）
- 全脂無添加糖椰漿 1 罐（400 克）
- 細洋葱 1 個（70 克）
- 蒜頭 2 瓣（6 克）
- 牛油 1 湯匙（15 克）
- 乾番茜（dried parsley）少許
- 檸檬汁或青檸汁少許
- 鹽少許（一歲或以上可加入）

做法

1. 洋葱及蒜頭切碎；小棠菜切細（菜葉切段、菜莖切粒）；鱈魚柳用廚房紙吸乾水分，備用。
2. 易潔鍋用中大火燒熱牛油，放入洋葱炒香，再下蒜蓉炒 30 秒，加入小棠菜煮 5 分鐘至軟身。
3. 加入番茄蓉及椰漿，煮至沸騰，下貝殼粉拌勻，調至小火，加蓋煮 8 至 10 分鐘，攪拌以免貝殼粉黏底，加入鷹嘴豆拌勻。
4. 魚柳放在貝殼粉中間（鍋內需留有醬汁，如醬汁太少可加少許水），下番茜乾，加蓋煮 6 至 8 分鐘，期間翻轉魚柳。
5. 可加少許檸檬汁或青檸汁以提升味道，一歲或以上寶寶可酌加少許鹽調味。

成功要訣

- 運用深度足夠的高身易潔鑊（約 12 吋闊），能裝滿所有食材。如易潔鑊配有玻璃蓋最理想，可留意烹調情況。
- 可選用牛奶、無糖豆漿等取代椰漿，需要時加水或清湯，令汁液足夠烹調鱈魚。

兒科營養師小貼士

- 鱈魚含豐富蛋白質、碘、硒、維他命 D 及 B_{12}、奧米加三脂肪酸，有助孩子腦部發育及維持免疫力。
- 可用菠菜取代小棠菜，營養價值同樣豐富。
- 鷹嘴豆含豐富蛋白質、膳食纖維、鎂及鐵，適合加入意粉醬及咖喱，提升營養。

食物營養素
（按 1 份湯計算）

熱量（卡路里）	433
蛋白質（克）	21.1
脂肪（克）	20.3
碳水化合物（克）	47
糖（克）	4.7
膳食纖維（克）	8.8
鈉（毫克）	229
鐵（毫克）	4
鈣（毫克）	97

親子共食

一鍋到底
高湯滾豆腐魚片

✦ 適合 12-18 個月大或以上

準備時間
5
分鐘

烹調時間
30-40
分鐘

工具
易潔鍋

材料（4-6 人分量）

- 魚片 150 克
- 日本白本菇 100 克
- 豆腐 1 磚或 1 盒（350 克）
- 娃娃菜 1-2 棵（200 克）
- 日本魚乾 30 克
- 櫻花蝦乾 6 克
- 油 2 茶匙（10 克）
- 水 800-1000 毫升

成功要訣

- 用魚乾及蝦乾煮滾 30 分鐘成魚湯，比傳統煎魚方法簡單得多。

做法

1. 白本菇及娃娃菜洗淨，切細件備用。
2. 易潔鍋燒熱油，下日本魚乾及櫻花蝦乾炒 5 分鐘至香，倒入水 800 毫升，轉小火煮 30 分鐘，讓魚乾及蝦乾散發香味成魚湯。
3. 日本魚乾及蝦乾隔起，加入魚片、白本菇、豆腐及娃娃菜，即成。
4. 魚乾及蝦乾瀝乾後，放在易潔鑊炒香，加入少許糖、鹽及胡椒粉，成為拌菜小吃（適合 18 至 24 個月大或以上寶寶）。

兒科營養師小貼士

- 很多家長會問：「甚麼湯底配粉麵最有營養？」魚湯是其中一個選擇。煮魚湯後的魚乾及櫻花蝦乾，炒乾調味後成為高鈣拌菜小吃。
- 無骨的火鍋魚片質地軟滑，受孩子喜歡。
- 豆腐可用豆卜代替，含豐富蛋白質之餘，可吸收魚湯精華。
- 娃娃菜與魚湯特別匹配，用魚湯煮的蔬菜，我的孩子都會吃光！

日本魚乾

食物營養素
（按 1 份計算）

熱量（卡路里）	蛋白質（克）	脂肪（克）	碳水化合物（克）	糖（克）	膳食纖維（克）	鈉（毫克）	鐵（毫克）	鈣（毫克）
162	18.4	8.3	4.7	1.7	1.5	125	1	317

甜品

高纖奶昔

準備時間

10 分鐘

烹調時間

0 分鐘

工具

攪拌機

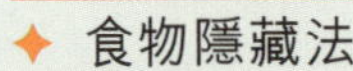

✦ 食物隱藏法

✦ 適合 12 個月大或以上

材料（2-4 人分量）

- 覆盆子（raspberries）100 克（新鮮或急凍）
- 加拿蘋果 100 克（連皮）
- 即食燕麥 1/3 杯（27 克）
- 奇亞籽（chia seeds）1 湯匙（15 克）
- 全脂純牛奶 1 杯（240 毫升）

做法

1. 水果洗淨，蘋果切粒，備用。
2. 所有材料放在攪拌機打至幼滑，盛起飲用。

成功要訣

- 此奶昔製作容易，只需將所有材料放進攪拌機攪拌即成。
- 不喝牛奶的人，可用豆漿、杏仁奶或燕麥奶取代。

兒科營養師小貼士

- 孩子不肯吃全穀類及蔬果？容易有便秘問題？這個高纖奶昔或有幫助。覆盆子、連皮蘋果、燕麥及奇亞籽含豐富水溶性及非水溶性纖維，有助大便鬆軟。
- 可用其他高纖水果取代，如火龍果、麒麟果、奇異果或連皮梨子等，用攪拌而非榨汁，令纖維得以保存。

食物營養素
（按 1 份湯計算）

熱量（卡路里）	142
蛋白質（克）	5.2
脂肪（克）	5.0
碳水化合物（克）	20.5
糖（克）	9.1
膳食纖維（克）	5.2
鈉（毫克）	36
鐵（毫克）	1
鈣（毫克）	149

甜品

牛奶燉蛋

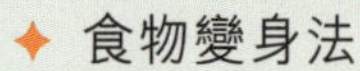

- 食物變身法
- 適合 12 個月大或以上

準備時間

5 分鐘

烹調時間

13 分鐘

工具

飯碗、蒸架、大鍋

材料（1 人分量）

- 雞蛋 1 個（50 克）
- 糖 1.5 茶匙（6 克）
- 牛奶 1/2 杯（125 毫升）
- 南瓜肉 35 克
- 糖 1/2 茶匙（2 克）（如需要）

做法

1. 雞蛋放在飯碗拂成蛋液，加入牛奶及糖拌勻，用錫紙蓋着。
2. 大鍋內燒滾水，調至中火，隔水燉蛋 13 分鐘。
3. 燉蛋期間，南瓜蒸熟，壓成蓉，需要時下糖調味。
4. 南瓜蓉放在燉蛋面，即成。

成功要訣

- 牛奶燉蛋與蒸水蛋的原理相近，用錫紙蓋着燉蛋約 13 分鐘，非常嫩滑！

兒科營養師小貼士 

- 孩子正餐不肯吃肉？平時不肯喝奶？牛奶燉蛋作為孩子的下午茶或小食，可補充蛋白質及鈣質。
- 除了南瓜蓉，可配搭紅豆蓉，方便的可選罐裝日式紅豆，或配無添加純芝麻醬，令味道多變，食物種類及營養更全面。
- 夏天時，將牛奶燉蛋放在雪櫃，凍吃同樣美味！

食物營養素（按 1 份計算）

熱量（卡路里）	蛋白質（克）	脂肪（克）	碳水化合物（克）
191	10.6	9.2	17.2

糖（克）	膳食纖維（克）	鈉（毫克）	鐵（毫克）	鈣（毫克）
16.1	1.0	126	1	177

甜品

朱古力慕思

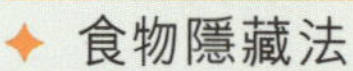

- 食物隱藏法
- 適合 12 個月大或以上

準備時間

10 分鐘

烹調時間

0 分鐘

所需工具

攪拌機 / 食物處理器

材料（2-4 人分量）

- 牛油果 2 個，小型（200 克果肉）
- 無糖可可粉 20 克
- 全脂純希臘乳酪 1/2 杯（120 克）
- 全脂牛奶 50 毫升
- 椰棗 4 粒，去核（40 克）
- 楓糖漿、蜜糖或雲呢拿香油少許（需要時）

做法

1. 椰棗浸泡溫水 30 分鐘，切成蓉。
2. 所有材料放在攪拌機或食物處理器，攪拌至軟滑，即可享用。

食物營養素
（按 1 份計算）

熱量（卡路里）	168
蛋白質（克）	5.2
脂肪（克）	9.8
碳水化合物（克）	19.5
糖（克）	11.8
膳食纖維（克）	5.8
鈉（毫克）	20
鐵（毫克）	1
鈣（毫克）	61

成功要訣

- 緊記選非常熟透的牛油果，質地軟滑，容易與其他食材混和。
- 如材料太稠難以攪動，可將黏在機器邊的材料刮到中間，加少許牛奶，攪動多次直至軟滑。這食譜適合使用高效能攪拌機或食物處理器。
- 味道可自行調整，如覺得太苦，可減少可可粉分量；如想香甜些，可加少許楓糖漿、蜜糖或雲呢拿香油調味。

兒科營養師小貼士

- 牛油果隱藏在朱古力慕思，我可確定孩子一定吃不出牛油果！牛油果熱量高，含豐富單元不飽和脂肪及膳食纖維。
- 純希臘乳酪提供奶滑口感，含豐富蛋白質及鈣質；可可粉含豐富天然抗氧化劑。
- 慕思的質地及甜味來自天然食物，不似傳統朱古力甜品般添加大量朱古力、糖及忌廉，營養價值低。

甜品

鮮果乳酪雪條

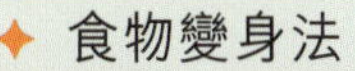

✦ 食物變身法

✦ 適合 12 個月大或以上

準備時間

10-15 分鐘

烹調時間

0 分鐘

工具

雪條模具、木製雪條棍、牛油紙

材料（各 4 條）

香蕉乳酪雪條

- 香蕉 2 條（240 克）
- 全脂純希臘乳酪 1/2 杯（120 克）
- 凍乾士多啤梨碎（freeze dried strawberries）4 湯匙（8 克）（或合桃碎 / 花生碎 / 杏仁片 / 椰絲 / 穀類早餐如卜卜米）

芒果乳酪雪條

- 芒果粒 1 杯（150 克）（或藍莓 / 覆盆子 / 士多啤梨）
- 全脂無添加糖椰漿 50 克
- 全脂純希臘乳酪 50 克
- 蜜糖少許（如需要）

兒科營養師小貼士

- 家裏購買一梳香蕉但吃不完？可以製作健康的香蕉雪條，冰凍香蕉質感似雪糕。除了希臘乳酪外，可在香蕉塗上純花生醬、杏仁醬或朱古力醬，撒上凍乾水果碎、果仁碎或種子碎，都是有營養的變奏！
- 用雪條模具製作鮮果雪條，原理是將鮮果奶昔製成雪條，芒果和椰漿是絕配，或莓果與乳酪或牛奶，可按孩子口味自行搭配。

做法

香蕉乳酪雪條

1. 凍乾士多啤梨粒放入密實袋，用擀麵棍或罐頭壓碎。
2. 香蕉切半，切口處插在雪條棍上，厚厚地塗上希臘乳酪（塗得不完美亦可），撒上凍乾士多啤梨碎。
3. 香蕉條放在鋪上牛油紙的盤，放入冰格至硬。香蕉雪條於室溫待 1-2 分鐘可享用。

芒果乳酪雪條

1. 所有材料放入攪拌機打至幼滑，倒進雪條模具，放入冰格冷藏至硬。
2. 將雪條模具略浸熱水，取出雪條享用。

成功要訣

- 選用熟香蕉製作，甜度較高，但如選擇太熟的香蕉，插進雪條棍後容易散開。
- 希臘乳酪質地較稠，容易黏附香蕉上。
- 使用矽膠雪條模具，較容易完整地取出雪條。

食物營養素（按1條計算）

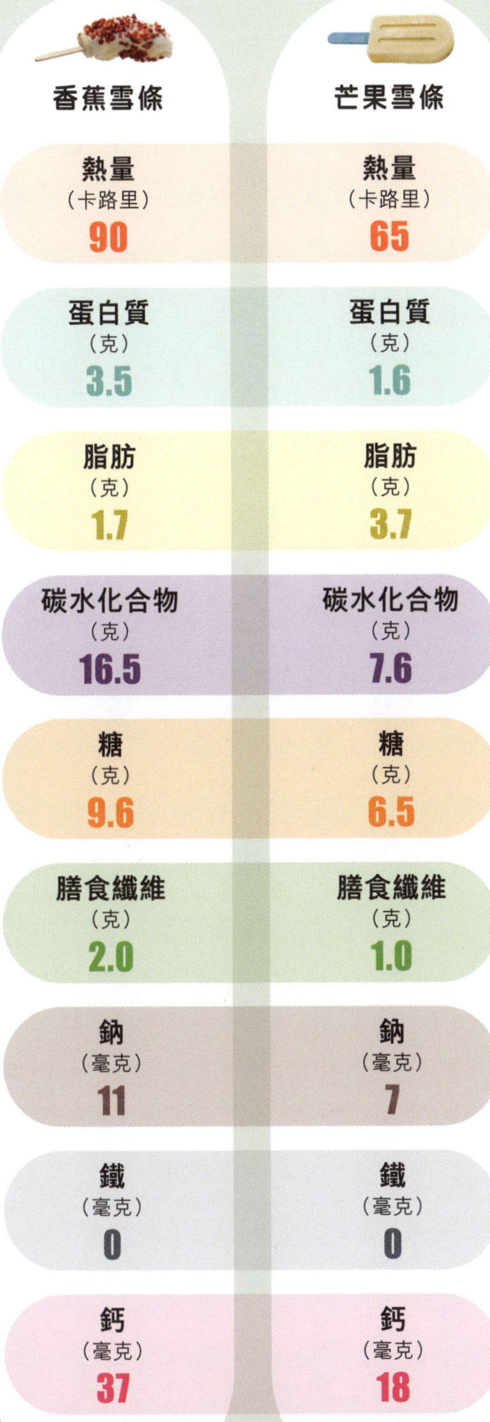

	香蕉雪條	芒果雪條
熱量（卡路里）	90	65
蛋白質（克）	3.5	1.6
脂肪（克）	1.7	3.7
碳水化合物（克）	16.5	7.6
糖（克）	9.6	6.5
膳食纖維（克）	2.0	1.0
鈉（毫克）	11	7
鐵（毫克）	0	0
鈣（毫克）	37	18

Chapter 4

幼兒偏食個案分享

以下分享了兩個幼兒偏食的個案，透過兒科營養師及言語治療師的評估及治療建議，旨在向公眾作教育之用途，讓大眾了解餵食治療的過程及臨床應用，給予偏食兒適當的治療。

真實個案

背景：幼兒四歲，身形逐漸被三歲大的弟弟直逼，所以家長尋求兒科營養師及言語治療師的協助。

偏食及身體問題：

- 只願意吃加工肉食，例如肉鬆、火腿及午餐肉。
- 仍然依賴飲用配方奶。
- 只吃數款蔬菜及水果。
- 每餐的進食時間超過 1 小時，並且需要同時飲用水，將食物灌下。
- 只做少許運動，容易大喊疲倦。

兒科營養師及言語治療師的專業評估

兒科營養師

評估一：

生長線下跌，體重由一歲時第 75 線緩慢下跌至第 50 線，直至評估時第 35 條線；近這半年以來，身高停滯不前。

評估二：

配方奶蘊含的熱量及蛋白質偏低，以四歲的幼兒而言，整體的營養攝取中，蛋白質及多種微量營養素明顯攝取不足。

言語治療師

評估：偏食的原因，與口腔肌肉協調及敏感度有關，導致幼兒比較不能接受某種味道、體積或質地的食物，甚至不願意嚥下食物。

團隊治療建議

兒科營養師

建議一：從食物選擇、質地和分量入手，需要時提供食譜，讓家長容易掌握飲食建議，讓幼兒願意進食。

建議二：與家人討論飲食時間表，提升正餐的胃口。
建議三：提議蘊含能量及蛋白質豐富的奶類製品，以取代配方奶品。
建議四：建議營養補充劑的配合，用以短暫支援所缺乏的營養素。

言語治療師

建議一：以提升口部肌肉處理食物的能力為訓練目標。
建議二：利用口腔按摩，幫助減低敏感的情況。
建議三：運用不同軟硬度的牙膠及食物，提升咀嚼能力。
建議四：在治療期間，發現幼兒有感統發展需要，轉介至團隊的職業治療師提供感統治療。

專業治療的效果

營養篇

改善一：經過專業治療兩個月後，攝取營養的情況有明顯改善。
改善二：幼兒的體重增加 2-3 公斤。
改善三：飲食中攝取的蛋白質及微量營養素，明顯獲得改善。
改善四：幼兒逐漸增加對不同肉類的接受程度，飲食更趨多元化。

言語治療篇

改善一：經過完成八節言語治療訓練，口腔敏感度明顯減少，咀嚼能力亦逐漸提升。
改善二：於第十節訓練時，能自行進食吉列豬扒。

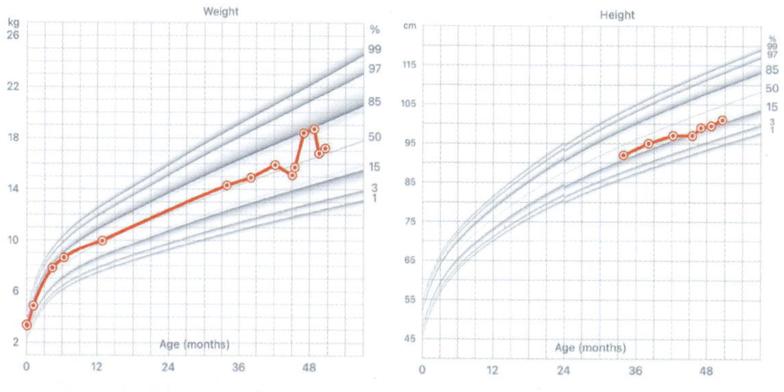

治療前體重生長線持續下跌，由第 75 線下跌至第 35 條。治療後，體重上升 2-3 公斤，重回第 50 至 85 生長線。

治療前，身高半年沒有增長。治療後，身高沿着生長線增長。

治療後，孩子自行進食吉列豬扒。

結論

小朋友接受治療半年後，家長發現孩子的運動耐力提升了，運動後孩子不容易說疲倦，甚至沒想過他能否做到的動作，也能輕易辦到。

餵養及偏食治療一般為期至少三個月至半年，視乎小朋友的個性、接受能力、家長和照顧者的決心，以及治療的強度和頻率。

註：本文章不能取代醫護人員的正式評估，如對孩子的健康、營養及餵食有疑問，敬請諮詢兒科醫生、兒科營養師或相關訓練的言語治療師。

個案二 幼兒加固失敗、跌出生長線

（分享個案已獲家長允許，我們更着力保護病人私隱。）

真實轉介個案

背景：幼兒出生時足月，母親親身餵哺母乳，並配合配方奶，喝奶速度緩慢，喝奶分量不多。體重生長線由出世時「中碼」，下跌至四個月大時「細碼」，由母嬰健康院轉介至兒科醫生，再轉介至兒科營養師及言語治療師作評估。

偏食及身體問題：

- 曾嘗試 BLW，幼兒並堅決拒絕傳統餵食，最終利用針筒餵食。
- 幼兒九個月大仍以喝奶為主，固體食物未能成功代替一餐膳食。
- 作息及飲食時間不定時，進食動機很低。

兒科營養師及言語治療師的專業評估

兒科營養師

評估一：

幼兒喝奶分量少，導致熱量及蛋白質攝取不足，引致生長線下跌。

評估二：

六個月大後未能成功加固，只單靠喝奶不能滿足六個月大以後幼兒的額外營養需求。

評估三：

作息及飲食時間不定時，影響胃口及荷爾蒙分泌，令食慾減低。

言語治療師

評估：

檢查口腔結構，評估接觸母親進食母乳，以及使用奶樽喝奶的情況，發現舌繫帶短縮，影響舌頭動作及吸啜能力，轉介兒童外科醫生進行口腔結構檢查。

團隊治療建議（4-5 個月大，加固前）

兒科營養師

建議： 經營養師計算後，教導家長增加母乳濃度及初生配方濃度的方法，以補充因為飲奶量少而缺乏的營養。

言語治療師

建議： 教導家長餵奶的技巧，包括餵哺姿勢、含啜技巧、選擇合適的奶嘴、餵奶速度及掃風技巧等。

團隊治療建議（6 個月大，加固後）

兒科營養師

建議一： 選擇熱量及蛋白質較高的 2 號奶粉，並增加其濃度。

建議二： 協助家長調整作息時間，減少餵奶分量及次數。

建議三： 確保正餐之間有足夠間隔，幫助荷爾蒙分泌，刺激胃口。

建議四： 按照言語治療師建議，推介加固餐單和烹調方法。

言語治療師

建議一： 根據口腔處理及咀嚼能力，建議合適的加固食物質地。

建議二： 教導家長使用合適的進食餐具及水杯，以及餵食固體食物時的技巧。

專業治療的效果

4-5 個月大，加固前

改善一： 透過改善吸啜能力，以及家長餵奶技巧等，幼兒的喝奶情況逐漸有改善。

改善二： 透過增加母乳及配方奶濃度，增加營養攝取。

改善三： 體重跌勢停止，體重沿着第十條生長線向上。

6 個月大，加固後

改善一：作息及飲食時間慢慢調整規律，減少幼兒對食物的抗拒，有動力進食，也可自行進食，逐漸能取代一頓餐膳。

改善二：生長線慢慢提升由第十線至第二十五線。

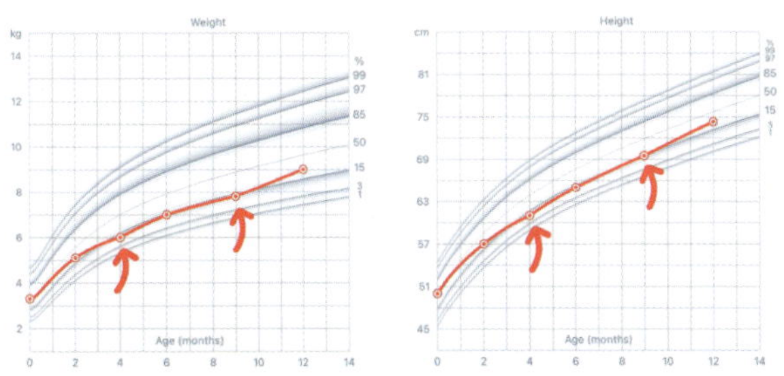

WEIGHT		
Birth	3.3 kg	46%
2m	5.1 kg	24%
4m	6 kg	8.8%
6m	7 kg	13%
9m	7.8 kg	12%
1y	9 kg	26%
HEIGHT		
Birth	50 cm	52%
2m	57 cm	24%
4m	61 cm	8.2%
6m	65 cm	11%
9m	69.5 cm	14%
1y	74.3 cm	27%

治療前，身高及體重的生長線都下跌兩條，由第 50 條跌至低於第 10 條；治療後，生長線沒有再下跌，維持在第 10 條；加固成功後，身高及體重回升至第 25 條生長線以上。

結論

嬰兒首年的生長最快，攝取足夠營養特別重要。如出現生長線下跌情況，必須及早尋求專業意見。無論喝奶問題還是加固問題，跨專業評估及餵食治療，都能全方位改善嬰孩的營養、進食及生長情況。及早處理，讓孩子抓緊最需要營養的黃金時期，成功加固亦為日後的飲食打好基礎。

註：本文章不能取代醫護人員的正式評估，如對孩子的健康、營養及餵食有疑問，敬請諮詢兒科醫生、兒科營養師或相關訓練的言語治療師。

容易哽塞的食物

兒童的氣道和食道較成人狹窄，咀嚼技巧未如成人般成熟，若孩子進食時不專注而分心，特別是進食具黏性、細小及堅硬、圓形的食物，會增加食物誤入氣管的機會，氣管被食物阻塞會導致缺氧情況，如進食高危食品時，家長必須加倍留神，或選擇進食其他低風險食品取代。

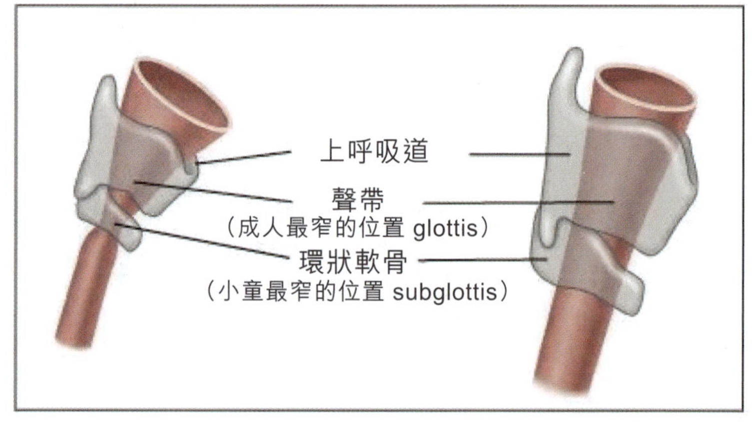

與成人相比，小孩子口腔小、咽喉較淺，氣道及其入口較窄，增加食物誤入氣管導致哽塞，進食時家長必須份外留神。

（資料由小兒外科專科醫生王珮瑤醫生提供）

容易哽塞的高危食物

 提子	 車厘茄	 麻糬
 丸類食物	 湯圓	 年糕
 糯米飯	 蒟蒻	 啫喱
 果仁	 花生	 糖果
 角仔	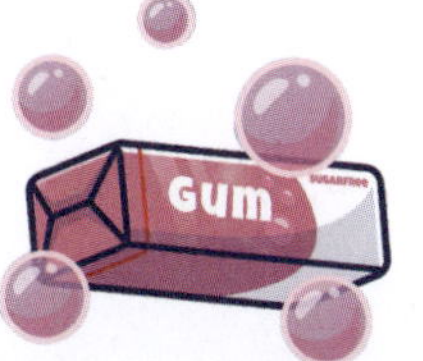 香口膠	

哽塞急救法

用前臂托着孩子前胸，讓身體向前傾，用手掌在背部兩肩胛骨之間大力拍打。

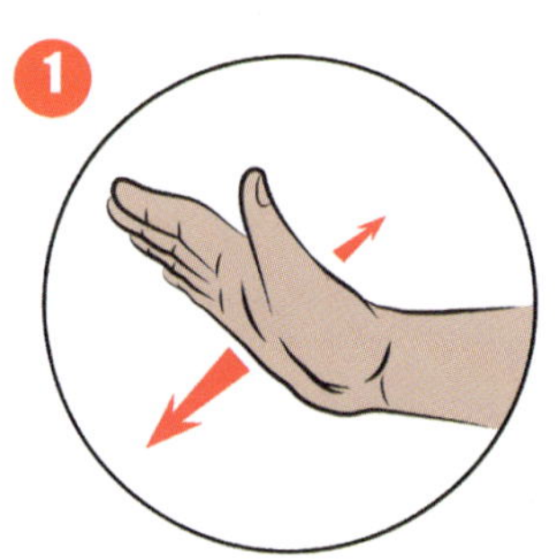
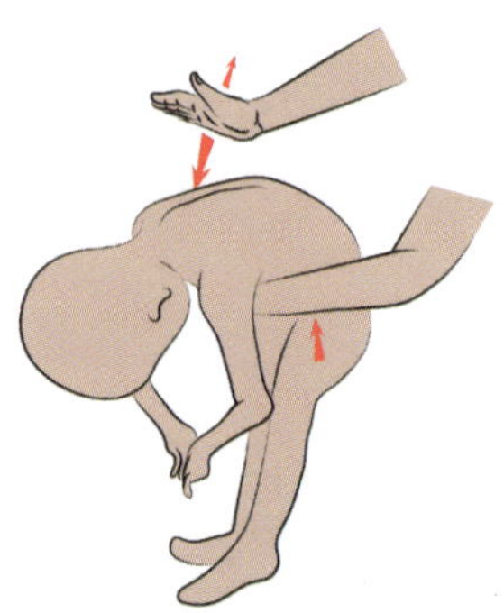

或者從後環抱孩子腹部，上身向前傾，握緊拳頭，放在肚臍上方，再用另一隻手緊扣拳頭，用力向內和向上擠壓，把阻塞的食物逼出，切忌大力拍打患者的頭顱頂部。

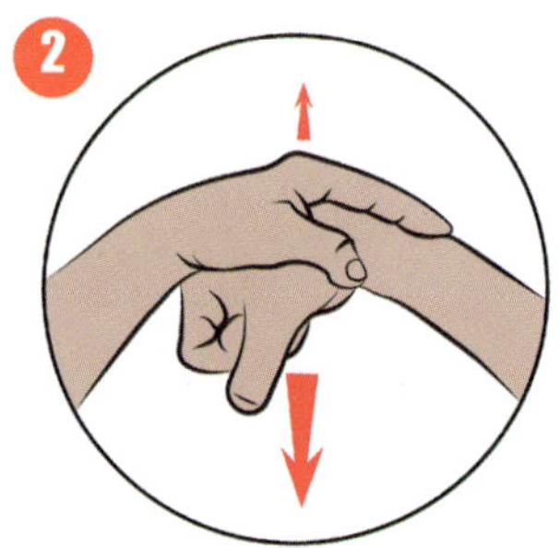
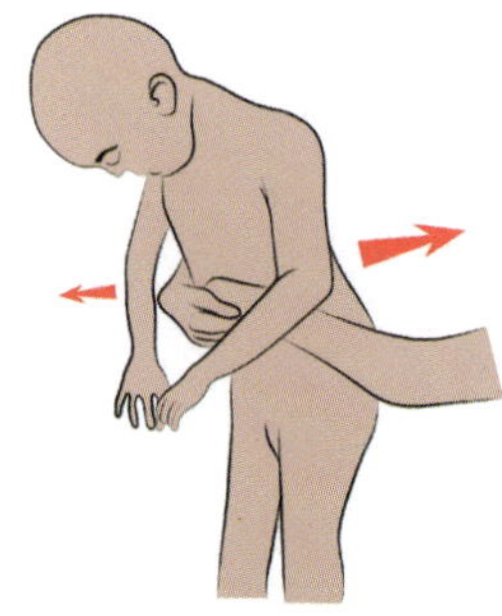

附錄二 進食時燙傷急救小錦囊

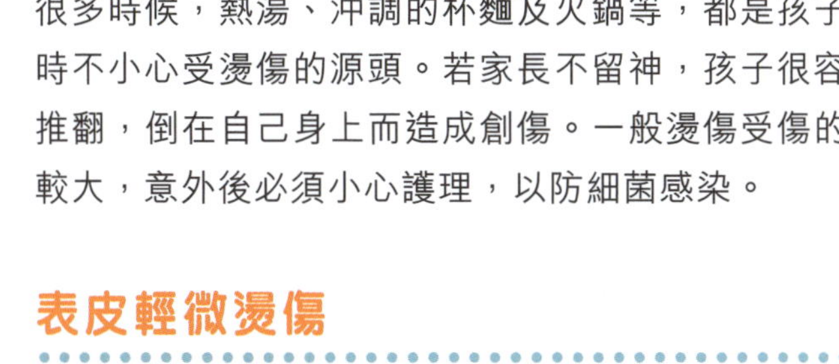

很多時候，熱湯、沖調的杯麵及火鍋等，都是孩子經常用餐時不小心受燙傷的源頭。若家長不留神，孩子很容易把熱食推翻，倒在自己身上而造成創傷。一般燙傷受傷的範圍面積較大，意外後必須小心護理，以防細菌感染。

表皮輕微燙傷

皮膚出現紅腫，應立即用清潔的流動凍水（緊記不可用溫水），沖洗傷口 15-30 分鐘，減輕疼痛及腫脹。切勿用冰塊直接敷在傷口，或塗抹任何藥膏、油劑或醬油在傷口上，避免做成刺激反應。

真皮燙傷

如果燙傷了真皮，會出現水泡，千萬不要自行弄破水泡，傷口容易受細菌感染而化膿，痊癒後會留有疤痕或有脫毛、脫色等現象。另外，不要強行移除黏附在傷口上的衣物，以免撕傷皮膚。蓋上乾淨紗布或清潔的濕布以助降溫，盡快諮詢醫生處理傷口。

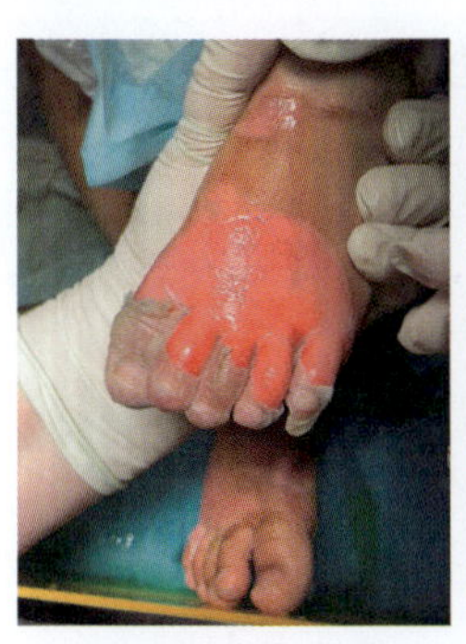

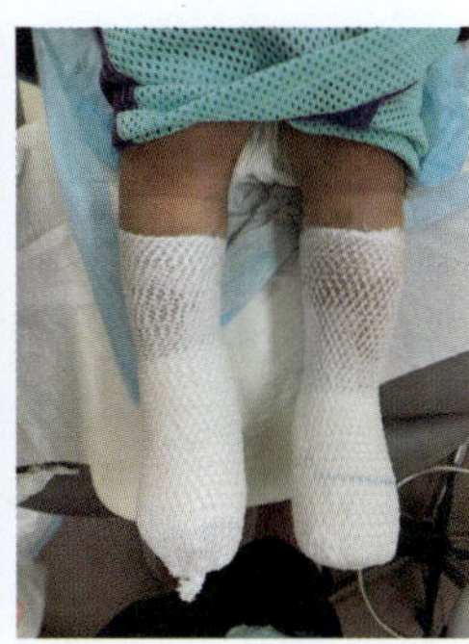

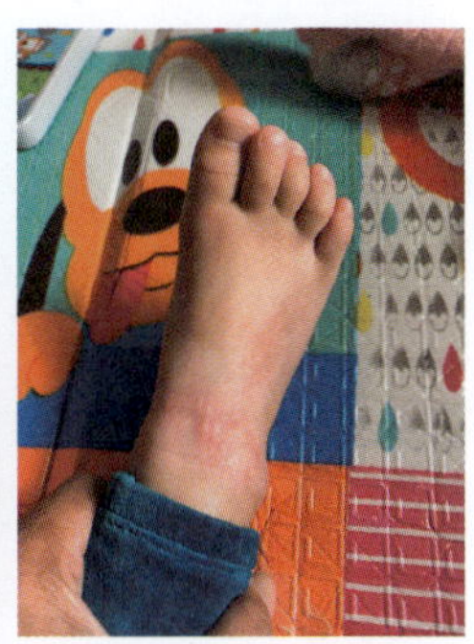

若不幸嚴重燙傷，必須立即求醫，及早得到適切的治療，康復情況可以很理想。

（資料由小兒外科專科醫生王珮瑤醫生提供）

附錄三 嬰幼兒百款加固食物

六個月至一歲時期，是培養小朋友進食不同食物的黃金期，1 歲前試吃多種類食物及不同質地，日後容易接受新食物，減少偏食的情況。

蔬菜類

- □番茄
- □粟米
- □番薯
- □馬鈴薯
- □青豆
- □紅蘿蔔
- □白蘿蔔
- □南瓜
- □菜心
- □生菜
- □菠菜
- □椰菜
- □白菜
- □通菜
- □西洋菜
- □西蘭花
- □椰菜花
- □紅菜頭
- □青瓜
- □冬瓜
- □合掌瓜
- □翠玉瓜
- □節瓜
- □蓮藕
- □燈籠椒
- □淮山
- □羽衣甘藍
- □茄子
- □蘆筍
- □蘑菇
- □冬菇
- □西芹
- □栗子

水果類

- □蘋果
- □橙
- □柑
- □梨
- □牛油果
- □藍莓
- □覆盆子
- □桃
- □芒果
- □香蕉
- □木瓜
- □熱情果
- □布冧
- □提子
- □火龍果
- □菠蘿
- □士多啤梨
- □西瓜
- □哈密瓜
- □車厘子
- □奇異果
- □椰子
- □荔枝
- □龍眼
- □山竹
- □榴槤
- □天桃
- □無花果
- □西梅
- □番石榴
- □檸檬 / 青檸

肉、魚或蛋白質類

- □牛肉
- □豬肉
- □雞肉
- □羊肉
- □三文魚
- □吞拿魚
- □鱈魚
- □龍脷 / 鯰魚
- □紅腰豆
- □鷹嘴豆
- □豆腐
- □雞蛋
- □蝦

果仁及種子

- □杏仁
- □松子仁
- □芝麻
- □合桃
- □花生 / 花生醬

奶類

- □牛奶
- □芝士
- □乳酪

香草類

- □蒜頭
- □洋葱
- □薑
- □葱
- □肉桂
- □羅勒

穀物類

- □白米
- □麵包
- □藜麥
- □白麵條
- □饅頭
- □意粉 / 通粉
- □燕麥
- □薄餅
- □班戟

致敏源食物

- □牛奶
- □雞蛋
- □果仁
- □小麥及大麥
- □種子
- □黃豆
- □魚
- □貝殼類

* 最新加固飲食指引：盡早引入致敏食物，並重複進食，以減低食物敏感的機會。

* 此表根據多個歐洲及北美兒科組織、世界過敏組織、英國國民保健署，近年對引進固體食物的建議所編製，參考資料：1. ESPGHAN et al. JPGN.2024;79(1):181-188 2. NHS. June 2023 www.nhs.uk/start-for-life/baby/weaning/

附錄四 幼兒飲食好習慣獎勵表

家長的鼓勵及獎勵，是給予幼兒推動力的有效方法。當幼兒平日成功完成飲食好習慣，家長不妨記錄下來，除了予以評估飲食成效，還可鼓勵幼兒持續保持飲食好習慣，增強幼兒進食的恆心及自信心。

我的好習慣

本星期目標	

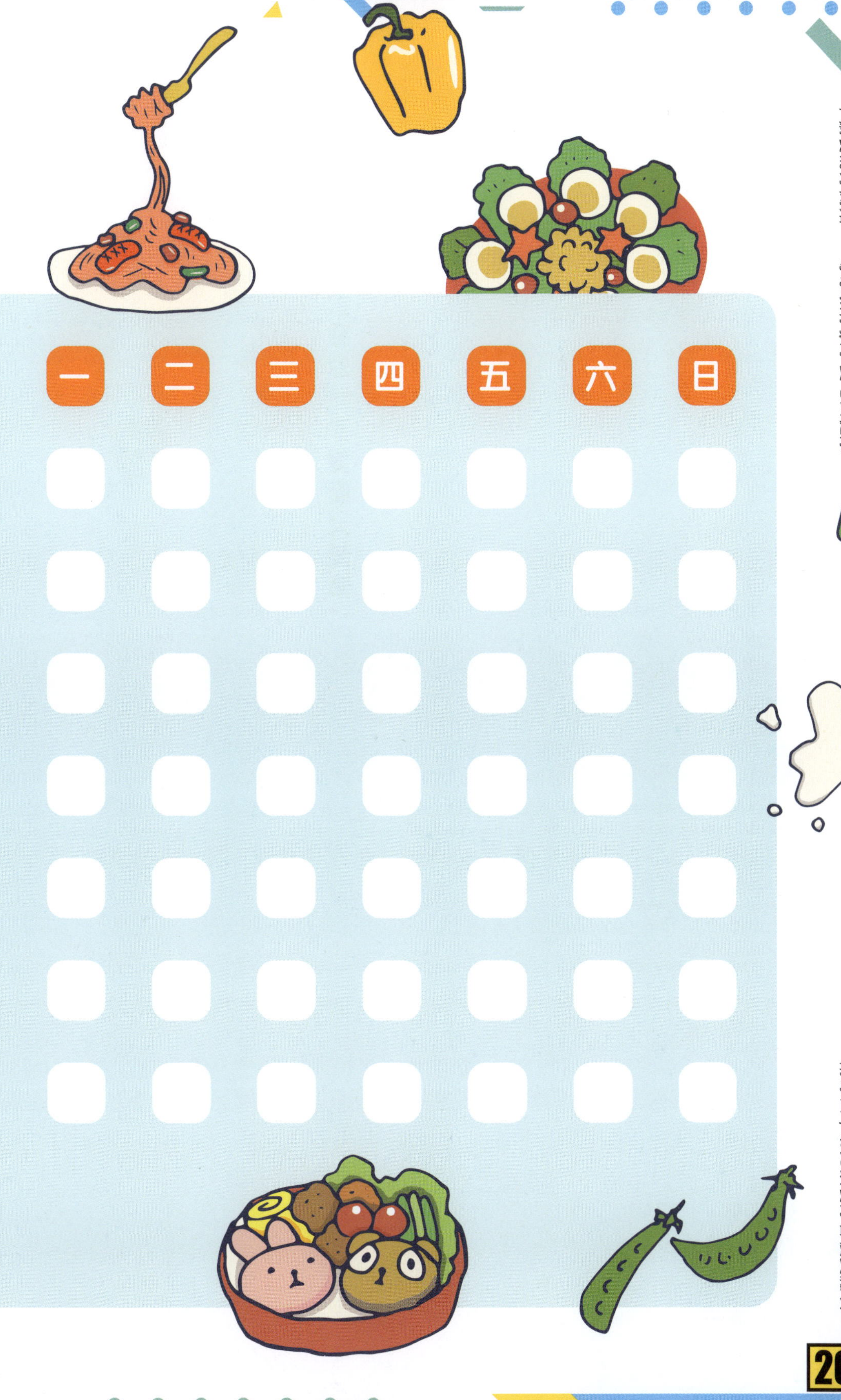
一
二
三
四
五
六
日
MILK

著者
黃思敏 · 李綺瑩

醫學資料提供
王珮瑤、杜蘊瑜、王家頴

食譜營養分析
朱建勤（Certified Food Scientist）

責任編輯
簡詠怡

裝幀設計及排版
鍾啟善

拍攝
陳嘉元 @Bowy Chan Photography

部分插圖
Freepik.com、Canva.com、Pinterest.com、stock.adobe.com

出版者
萬里機構出版有限公司
香港北角英皇道 499 號北角工業大廈 20 樓
電話：2564 7511　　傳真：2565 5539
電郵：info@wanlibk.com
網址：http://www.wanlibk.com
http://www.facebook.com/wanlibk

發行者
香港聯合書刊物流有限公司
香港荃灣德士古道 220-248 號荃灣工業中心 16 樓
電話：2150 2100　　傳真：2407 3062
電郵：info@suplogistics.com.hk
網址：http://suplogistics.com.hk

承印者
寶華數碼印刷有限公司
香港柴灣吉勝街 45 號勝景工業大廈 4 樓 A 室

出版日期
二〇二五年七月第一次印刷

規格
16 開（240mm x 170mm）

ISBN 978-962-14-7612-8